华中科技大学材料学科前沿特色课程系列教材

金属液态成形综合实验

主　编　刘鑫旺

副主编　董选普　曹华堂

主　审　吴树森

U0172182

华中科技大学出版社

中国·武汉

内 容 简 介

《金属液态成形综合实验》是一本关于液态成形技术的综合实验教材。全书分为三部分,共 16 个实验。第一部分为造型材料性能实验,系统介绍了原砂性能检测、黏土性能检测、黏土砂性能检测、自硬性型砂性能检测和铸造涂料性能检测实验。第二部分为铸造工艺实验,系统介绍了砂型(芯)3D 打印、砂型铸造、消失模铸造、熔模铸造、低压铸造、压力铸造和离心铸造实验。第三部分为充型和凝固过程调控实验,系统介绍了金属液流动性、振动凝固、金属热裂性、金属定向凝固实验。

本实验教材既包含了传统的砂型铸造和典型的特种铸造技术,也包含了型芯增材制造等新技术。在实验设计上,采用了易于实施的实验环节,在体现代表性的前提下,尽量采用低熔点有色合金和简化工艺,便于实际操作。每个实验包含了基本原理、典型应用、实验流程等,既与课堂教学内容相统一,又保持了实验教材的独立性。

本书既可作为液态成形、铸造工艺和凝固加工相关课程的配套实验教材,也可作为高等院校大学生和研究生了解液态成形技术的参考书。

图书在版编目(CIP)数据

金属液态成形综合实验/刘鑫旺主编.—武汉:华中科技大学出版社,2024.1
ISBN 978-7-5772-0286-0

Ⅰ.①金… Ⅱ.①刘… Ⅲ.①液态金属充型-教材 Ⅳ.①TG21

中国国家版本馆 CIP 数据核字(2023)第 236083 号

金属液态成形综合实验 刘鑫旺 主编
Jinshu Yetai Chengxing Zonghe Shiyan

策划编辑:张少奇
责任编辑:戢凤平
封面设计:原色设计
责任监印:周治超
出版发行:华中科技大学出版社(中国·武汉) 电话:(027)81321913
　　　　　武汉市东湖新技术开发区华工科技园 邮编:430223
录　　排:武汉三月禾文化传播有限公司
印　　刷:武汉市洪林印务有限公司
开　　本:787mm×1092mm　1/16
印　　张:9.75
字　　数:172 千字
版　　次:2024 年 1 月第 1 版第 1 次印刷
定　　价:32.80 元

前　言

金属的液态成形技术过去称为铸造技术,在人类历史的发展进程中,为促进人类的文明和技术进步发挥了巨大的作用。现代涌现出的定向凝固、单晶制备、喷射成形等新技术,均利用了液态金属及液固相变的特性,但与传统的铸造技术存在一定区别,因此,很多科技工作者将其重新定义为液态成形技术(或凝固加工技术)。液态成形技术是现代先进制造技术的重要组成部分,在航空航天设备、船舶、大型装备等的关键部件制造中具有重要地位。

当前科技发展不仅需要先进的技术,更需要创新型的人才。实验教学是工程应用型课程教学中极其重要的环节。为贯彻落实党中央提出的走中国特色新型工业化道路、建设创新型国家、建设人力资源强国的战略部署,贯彻落实《国家中长期教育改革和发展规划纲要(2010—2020年)》实施的高等教育重大计划,国家提出卓越工程师教育培养计划,其主要目标是面向工业界、面向世界、面向未来,培养和造就一大批创新能力强、适应经济社会发展需要的各类型高质量工程技术人才,其中重在培养学生的工程能力和创新能力。要想切实提高学生的这些能力仅依靠课堂教学是不够的,还需要加强工程实践训练。

为此,华中科技大学材料科学与工程学院组织编写了综合实验教学系列教材,《金属液态成形综合实验》即为其中之一。该教材可作为国家级规划教材《材料成形工艺》《材料成形原理》《铸造工艺学》等相关教材配套的实验教学教材。

本实验教材的主要特点是:包含了传统的砂型铸造和典型的特种铸造技术,也包含了型芯增材制造等新技术;设计了易于实施的实验环节,在体现代表性的前提下,尽量采用低熔点有色合金和简化工艺,便于实际操作;每个实验包含了基本原理、典型应用、实验流程等,既与课堂教学内容相统一,又保持了实验教材的独立性。

本书分为三部分,共16个实验。第一部分是造型材料性能实验,分别介绍了原砂性能检测、黏土性能检测、黏土砂性能检测、自硬性型砂性能检测和铸造涂料性能检测实验。第二部分是铸造工艺实验,分别介绍了砂型(芯)3D打印、砂型铸造、消失模铸造、熔模铸造、低压铸造、压力铸造和离心铸造实验。第三部分是充型和凝固过程调控实验,分别介绍了金属液流动性、振动凝固、金属热裂性和金属定向凝固实验。

本书由华中科技大学刘鑫旺担任主编,董选普、曹华堂担任副主编,具体编写分工如下:刘鑫旺编写实验7～16,董选普编写实验1～5,曹华堂编写实验6。本书由华中科技大学吴树森担任主审。

在本书的编写过程中,我们参考了大量的铸造相关教材和论文,在此,感谢铸造业同行和协助整理资料的研究生(高妞、尹正豪、吴伟峰、姚俊卿、程奎、王亚松、施洋、杨墨、蓝晟宁等)。由于作者水平有限,书中难免存在纰漏,请读者批评指正。

编　者

于华中科技大学

目　　录

第一部分　造型材料性能实验

铸造造型材料的定义很广,凡用来制造铸型(芯)的无机或有机材料都可称之为造型材料。造型材料在铸造生产中占有非常重要的地位,其质量直接影响铸件的质量、生产效率和生产成本。据不完全统计,铸件生产中60%以上的质量问题都与造型材料有关。因此,铸造造型材料的质量及其控制十分重要。

在铸造生产中一个共同的认知是铸造设备为铸造工艺服务,铸造材料是铸造工艺的保证。近代造型材料的发展引起了铸造造型和制芯工艺的变革,带来了铸件质量的提升、设备的创新和生产效率的提高,铸造业涌现了较多精密、高效的新工艺。例如:新型黏土砂的智能化成形装备技术,黏土砂在铸铝合金、铸钢件上的最新应用等;新型水玻璃的应用,相继出现了CO_2砂、自硬砂、热芯盒砂等新的无机树脂砂造型制芯工艺;新型合成树脂的应用,相继出现了壳型、热芯盒、冷芯盒以及自硬砂、3D打印铸型等高效的树脂砂造型制芯工艺。这些新型高效的造型材料和工艺的推广应用,成倍地提高了铸造车间的劳动生产率,大幅度降低了能源消耗并改善了劳动条件,甚至从根本上改变了铸造生产的面貌。

铸造业的核心工艺仍然是砂型铸造,砂型铸造占整个铸件生产的70%~80%。由砂型铸造的造型材料带来的污染问题(粉尘污染、空气污染及固体污染)、效率低下问题、再生循环问题是未来铸造业着力解决的重点问题。作为高校,铸造方向的重要任务就是为解决这些问题培养人才、研究解决问题的技术。本部分内容就是针对铸造造型材料,重点介绍造型材料的性能测试实验原理、设备和方法,为大学生学习铸造工艺、熟悉铸造质量的管控、掌握造型材料性能检测提供实验指导。

1 原砂性能检测实验

1.1 实验目的

(1) 掌握原砂含泥量和粒度组成的测试方法。

(2) 掌握原砂灼烧减量原理及其测试方法。

(3) 掌握原砂性能测试仪器的结构和使用方法。

1.2 实验原理

1.2.1 原砂含泥量的测定原理

原砂中所含直径小于 0.022 mm 的颗粒的质量分数即为原砂的含泥量。含泥量对透气性、强度、耐火度以及耐用性影响很大，它是新砂进厂时必须测定的质量指标。一般铸铁件和铸钢件采用的原砂含泥量须小于 2%。

测定原砂的含泥量，按 GB/T 2684—2009 规定的方法进行，通常采用水洗沉淀法。其原理是利用悬浮在水中的砂粒和泥分的质点大小不同，因而在水中下沉速度不同将砂与泥分离。颗粒在水中下沉的速度可计算如下：

$$v = gd^2(\rho_1 - \rho_2)/18\eta \tag{1-1}$$

式中：v——质点下沉速度，cm/s；

$\quad\quad d$——质点直径，cm；

$\quad\quad \rho_1$——下沉物的密度，g/cm³；

$\quad\quad \rho_2$——水的密度，g/cm³；

$\quad\quad g$——重力加速度，980 cm/s²；

$\quad\quad \eta$——液体介质黏度，g/(cm·s)。

对于直径为 0.022 mm 的质点（即最小的砂粒）在 20 ℃水中下沉的情形，将相关数据代入式(1-1),得最小砂粒在 20 ℃水中的下沉速度 $v=0.0426$ cm/s,由此可计算得直径为0.022 mm的质点 5 min 下沉距离约为 12.5 cm。因此将原砂与水充分搅拌,使砂和泥悬浮于水中,然后静置 5 min,则所有的砂下降到距水面12.5 cm 以下,而距水面12.5 cm以上的水中悬浮物都是泥分,可用虹吸管将它吸去,如图 1-1 所示。这时下部的砂中可能还混有一些泥分,再清洗几次直到上部水清为止。这样就可以将原砂中的泥分完全洗去。取出沉淀的砂粒烘干,称重,按下式计算含泥量:

$$X = \frac{G - G_1}{G} \times 100\% \tag{1-2}$$

式中:X——含泥量,%;

　　G——原来试料质量,g;

　　G_1——烘干后试料质量,g。

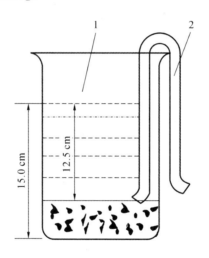

图 1-1　虹吸管的位置

1—洗砂杯;2—虹吸管

1.2.2　原砂粒度组成测定

原砂的粒度组成测定采用筛分法进行,即将冲洗掉泥分的原砂放在一套标准筛(见图 1-2)上进行筛分,而后称量残留在每个筛上砂粒的重量,并计算其百分比。标准筛的规格见表 1-1。

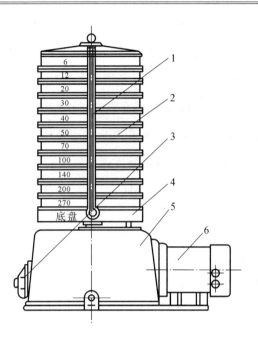

图 1-2　标准筛和筛砂机

1—固紧橡皮圈;2—标准筛;3—电源开关;4—底盘;5—机体;6—电动机

表 1-1　标准筛规格(JB/T 9156—1999)

筛号	6	12	20	30	40	50	70	100	140	200	270	底盘
筛孔边长/mm	3.26	1.68	0.84	0.59	0.47	0.30	0.21	0.15	0.105	0.074	0.053	—
铜网丝直径/mm	1.02	0.69	0.42	0.33	0.25	0.188	0.14	0.102	0.074	0.053	0.041	—

　　图 1-2 所示的震摆式筛砂机主要由摆动机构、震击机构、夹紧机构等三部分组成,其工作原理是:电动机通过传动轴、蜗轮带动摆架上的主偏心轴旋转,进而带动两个副偏心轴回转,使装有整个筛组的摆动架做半径等于偏心距的平面圆周摆动;同时电动机还经过另一对蜗轮副将运动传递给凸轮,再由凸轮顶杆将装有筛组的摆动架周期性地顶起,然后摆动架靠自重下落到机座的砧座上,使摆动架在做平面圆周摆动的同时进行震击。

1.2.3　砂粒形状及表面状态观察

　　我国现行的《铸造用硅砂》标准规定使用角形因数评定砂粒形状。

　　圆形砂——颗粒为圆形,表面光洁无棱角,见图 1-3a,角形因数≤1.15,用符号"○"表示。

钝角形砂——颗粒呈多角形,且多为钝角,见图1-3b,角形因数≤1.45,用符号"□"表示。

尖角形砂——颗粒呈尖角形,且多为锐角,见图1-3c,角形因数>1.63,用符号"△"表示。

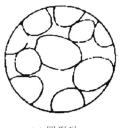 

(a) 圆形砂   (b) 钝角形砂   (c) 尖角形砂

图1-3 原砂粒形示意图

1.2.4 原砂酸耗值测定

铸造用砂的酸耗值反映了铸造用砂中碱性物质的多少,用中和50 g铸造用砂中的碱性物质所需的浓度为0.1 mol/L盐酸标准滴定溶液的毫升数来表示。

1.2.5 原砂灼烧减量测定

再生型砂中的无机物和有机物含量采用测定灼烧减量的办法来获得。型砂(也可以是再生砂)试样灼烧时,会发生水分脱出、有机物燃烧、碳酸盐等化合物分解、金属或低价元素氧化等现象,使得灼烧后的试样质量有所变化。质量减少量称为灼烧减量,反之称为灼烧增量。再生砂试样灼烧后质量一般是减少的,减少量即为再生砂中的残留有机物的含量。

1.2.6 原砂pH值和电导率测定

原砂的pH值反映了原砂中能溶于水的碱性物质或酸性物质的多少。而原砂的水洗溶液的电导率则反映了原砂中碱性物质含量的高低。

1.3 实验内容

(1) 用冲洗沉降法测定原砂的含泥量。

（2）用振动筛分法测定原砂的粒度。

（3）用放大镜或双目立体显微镜观察原砂的颗粒形状。

1.4 实验材料与设备

1.4.1 实验材料

（1）测定原砂含泥量所用的材料：烘干的原砂（NBS 砂），浓度为 1% 的氢氧化钠溶液。

（2）测定原砂粒度组成所需要的材料：洗去泥的原砂。

（3）观察砂粒形状及表面状态所用的材料：筛分后原砂的主要部分。

（4）测定原砂酸耗值所用的材料：待测原砂，盐酸标准滴定液，氢氧化钠标准滴定液，溴百里香酚蓝指示液。

（5）测定原砂灼烧减量所用的材料：烘干的原砂。

（6）测定原砂 pH 值和电导率所用的材料：烘干的原砂，蒸馏水，标准缓冲溶液。

1.4.2 实验设备

（1）测定原砂含泥量。

主要仪器：自动涡洗式洗砂机（见图 1-4），烘箱，天平，洗砂杯，虹吸管。

辅助工具：100 mL 和 25 mL 量筒，漏斗和漏斗架，洗瓶，玻璃棒，软毛刷，滤纸。

（2）测定原砂粒度组成。

主要仪器：筛砂机（SSZ 震摆式（见图 1-5）或 SSD 电磁微震式）。

辅助工具：天平，铸造用实验筛。

（3）观察砂粒形状及表面状态。

仪器：体视镜。

（4）测定原砂酸耗值。

工具：滴定管，滴定管架，250 mL 三角烧杯，天平，电炉盘，滤纸。

（5）测定原砂灼烧减量。

仪器：箱式电炉，带盖坩埚，双盘红外线烘干器，电子天平。

（6）测定原砂 pH 值和电导率。

仪器：数字式酸度计，烧杯（100 mL），广口瓶（500 mL），容量瓶（250 mL），漏斗。

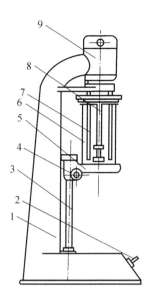

图 1-4　洗砂机结构示意图

1—机体；2—电源开关；3—托盘升降立柱；4—托盘锁紧扳手；

5—洗砂杯托盘；6—洗砂杯；7—阻流棒；8—搅拌轴；9—电动机

图 1-5　震摆式筛砂机

1.5 实验步骤

1.5.1 测定原砂含泥量

测定含泥量的方法有标准法和快速法两种。

（1）标准法。

标准法是在洗砂机上进行的,洗砂机结构见图 1-4。其测定步骤如下:

① 称取在(105±5)℃温度下烘干的原砂试样(50±0.01)g,置于洗砂杯中,然后加入285 mL水和15 mL浓度为1%的氢氧化钠溶液(或加入10 mL浓度为5%的焦磷酸钠溶液)。

② 将洗砂杯装在洗砂机托盘上,升高托盘,使搅拌轴完全伸入洗砂杯中,并固定托盘。托盘一定要固定牢,否则,托盘下降,洗砂杯易打破,影响实验。

③ 打开电动机,搅拌10 min,关闭电源,取下洗砂杯,并仔细冲洗粘在搅拌轴叶片上的砂粒。

④ 加入清水至规定高度的刻度(150 mm)处,并用玻璃棒搅拌。

⑤ 静置8 min,用虹吸管吸走上部125 mm高度的浑浊水(注意不要把杯底的砂粒吸走)。

⑥ 重复进行步骤④⑤的操作,直至杯中水透明为止。重复操作时每次静置时间为5 min。

⑦ 最后一次吸去杯中清水后,将剩下的砂粒和清水进行过滤,过滤时砂粒一定要冲洗干净,不要掉落在滤纸外边。

⑧ 过滤后,将湿砂和滤纸一起放在玻璃表面皿或小搪瓷盘上,送至105～200 ℃的烘箱或红外线快速干燥器内进行烘干。

⑨ 烘干、冷却后,在精度为0.01 g的天平上称出砂粒质量。

⑩ 按下式计算含泥量:

$$X = \frac{Q_0 - Q_1}{Q_0} \times 100\%$$
(1-3)

式中：X——含泥量，%；

Q_0——冲洗前试样质量，g；

Q_1——冲洗烘干后试样质量，g。

（2）快速法。

① 称取烘干的原砂试样（50±0.1）g，置于烧杯中，然后加入 250 mL 开水和浓度为 1% 的氢氧化钠溶液（或浓度为 5% 的焦磷酸钠溶液）10 mL。

② 将盛砂烧杯放在电炉上煮沸 3 min，取下烧杯，将砂粒倒入洗砂杯中，加入浓度为 1% 的氢氧化钠溶液（或浓度为 5% 的焦磷酸钠溶液）10 mL，不断搅拌，再加入 15～20 ℃ 的水至规定高度，即水面离杯底高度为 150 mm。

③ 静置 10 min，用虹吸管吸去上部 125 mm 高度的浑浊水。

④ 再往洗砂杯中加入清水至规定高度，并用玻璃棒搅拌，静置 5 min，再用虹吸管将浑浊水排除。

⑤ 按步骤④反复进行清洗，直至杯中水透明为止。

⑥ 后续步骤与标准法步骤⑦～⑩相同。

1.5.2　测定原砂粒度组成

测定步骤如下：

① 检查标准筛是否完好、干净，将筛子按筛孔孔径大小（上大下小）顺序叠放，6 号在最上面，底盘在最下面。

② 取烘干了的原砂试样（50 g 原砂试样经测定含泥量后的全部余砂）倒入标准筛的最上一层，即 6 号筛，盖上顶盖，将全套标准筛放在筛砂机的托盘上，并用橡皮圈束紧。

③ 接通电源，启动电动机，使筛砂机工作，开始时应慢慢加速，约在 20 s 内使摆动的速度达到 200 次/min。

④ 摆动 15 min 后，切断电源开关，取下全套标准筛，将每一个筛子和底盘上所残留的砂粒分别倒在光滑纸上，并用软毛刷仔细地将嵌在网眼中的砂粒刷下。

⑤ 用感量为 0.01 g 的天平称量每个筛子上砂粒的质量，填入表 1-2 中，即能得出每个筛子上砂粒占原砂质量（50 g）的百分数（即粒度组成）。

表 1-2　实验筛号质量记录表

筛号	6	12	20	30	40	50	70	100	140	200	270	底盘	含泥量	总和
细度因子	3	5	10	20	30	40	50	70	100	140	200	300		
质量/g														
含量/(%)														

* 将每个筛子及底盘上的砂粒质量和含泥量加起来,其总质量不应超过(50±1)g,否则应重做实验。

⑥ 用三筛号表示法表示原砂粒度。

1.5.3　原砂形状及表面状态的评定

(1) 将过筛原砂的主要部分(即连续三层砂子残留量最多的筛子上的原砂)混合均匀,取少量放在显微镜工作盘上。

(2) 缓慢转动调焦手轮,直到看清为止,并将观察结果记录下来。只要其他形状的颗粒不超过三分之一,就用一种形状表示,例如用"□"或"○",又或者"△"表示,否则用两种形状表示,并将数量较多的排在前面,例如"□-△""△-○"。

1.5.4　原砂酸耗值的检测

实验步骤如下:

称取(50±0.01)g 试样,置于 300 mL 烧杯中,加入 50 mL 蒸馏水(pH=7),然后用移液管加入 50 mL 浓度为 0.1 mol/L 的盐酸标准滴定液,并用表面皿将烧杯盖上,在磁力搅拌器上搅拌 5 min,然后静置 1 h。用中速滤纸把溶液滤入 250 mL 的锥形瓶中,并用蒸馏水洗涤砂样 5 次,每次加入蒸馏水 10 mL。在滤液中加入 3～4 滴溴百里酚蓝指示液,用 0.1 mol/L 的氢氧化钠标准滴定液滴定,并摇晃,直到溶液呈蓝色并保持 30 s 为止。酸耗值 A 按下式计算:

$$A = (50c_1 - c_2V) \times 10 \tag{1-4}$$

式中:V——消耗氢氧化钠标准滴定液的体积,mL;

　　　c_1——盐酸标准滴定液浓度,mol/L;

　　　c_2——氢氧化钠标准滴定液浓度,mol/L;

　　　50——加入盐酸标准滴定液的体积,mL;

　　　10——消耗 1 mmol 的 NaOH 相当于 0.1 mol/L 的盐酸标准滴定液的毫升数,mL/mmol。

1.5.5　原砂灼烧减量的检测

实验步骤如下：

称取约 1 g 试样，精确到 0.0001 g，置于恒重（两次灼烧称重的差值小于或等于 0.0002 g）的坩埚中，再将坩埚放入高温炉中。从低温开始逐渐升温至 950～1000 ℃，保温 1 h，取出坩埚稍作冷却，然后立即放入干燥器中冷却至室温，称重。重复灼烧（每次 15 min），称重，直至恒重（两次灼烧称重的差值小于或等于 0.0002 g）。按下式计算试样的灼烧减量：

$$w(G) = \frac{m_1 - m_2}{m} \times 100\%$$（1-5）

式中：$w(G)$——灼烧减量（质量分数），％；

　　　m_1——灼烧前试样和坩埚的质量，g；

　　　m_2——灼烧后试样和坩埚的质量，g；

　　　m——试样质量，g。

1.5.6　原砂 pH 值和电导率的检测

实验方法如下：

（1）pH 计标定。

① 查看并确认 pH 复合电极和温度电极已分别插入测量电极插座和温度电极插座处，查看并确认标准缓冲溶液在有效日期内（有效期为一个月）。

② 校正标准缓冲溶液的配制：把成套的缓冲试剂（邻苯二甲酸氢钾、混合磷酸盐）分别倒入两个干燥洁净的 100 mL 烧杯中，用蒸馏水分别稀释四次后倒入干燥洁净的 250 mL 容量瓶中，再用蒸馏水稀释到刻度，然后将稀释好的标准缓冲溶液倒入相对应（pH＝4.00、pH＝6.86）的广口瓶中即可。

③ 将复合电极下端的电极保护套拔出，并拉下电极上端的橡皮套，使其露出上端小孔，用蒸馏水清洗复合电极和温度电极。

④ 打开电源开关，仪器进入 pH 测量状态。

⑤ 按定位键，此时显示"yes"，把用蒸馏水清洗过的复合电极和温度电极插入 pH＝

6.86 的标准缓冲溶液中,仪器显示实测的 pH 值,待 pH 值读数稳定后按【Enter】(确认)键。

⑥ 按斜率键,此时显示"yes",把蒸馏水清洗过的复合电极和温度电极插入 pH＝4.00 的标准缓冲溶液中,仪器显示实测的 pH 值,待 pH 值读数稳定后按【Enter】(确认)键,标定结束,仪器进入测量状态。

⑦ 用蒸馏水及被测溶液清洗电极后即可对被测溶液进行测量。

(2) pH 值和电导率的测定。

① 将试样在温度为(105±5)℃的烘箱中烘干至恒重,并在干燥器内冷却至室温,备用。

② 称取烘干的砂 50 g 置于烧杯中,加入 100 mL 的蒸馏水,盖上表面皿,加热 5～8 min,在磁力搅拌器上搅拌半小时,然后将溶液过滤到 250 mL 的烧杯中。

③ 将电极插入过滤清液中,测量 pH 值与电导率。

④ 测量完成后,用蒸馏水清洗电极,把电极放入保护液中。

1.6 实验报告内容

1.6.1 测定原砂含泥量

称量烘干的砂子质量至少 3 次,并记录数据,按式(1-3)计算测量原砂的含泥量。

1.6.2 原砂粒度组成的测定

(1) 记录每个筛子上砂子的质量,并计算出各筛子上砂子质量占总试样质量的百分数。

(2) 利用 AFS 平均细度法表示原砂粒度。AFS 平均细度可直接反映原砂的平均颗粒尺寸,根据 GB/T 9442—2010,其计算方法是将各筛上砂子余留量的百分数乘以表 1-2 所列的相应细度因子,然后将各乘积数相加后除以各筛的余留量百分数之和,即

$$AFS平均细度 ＝ 乘积总和 / 各筛余留量百分数之和 \tag{1-6}$$

AFS 细度计算示例见表 1-3。

表 1-3 AFS 细度计算示例

砂样质量:50.0 g
泥分质量:0.56 g
砂粒质量:49.44 g

筛 号	各筛上的余留量		细度因数	乘 积
	g	%		
6	无	0.00	3	0
12	0.06	0.12	5	0.6
20	1.79	3.58	10	35.8
30	4.99	9.98	20	199.6
40	7.09	14.18	30	425.4
50	12.85	25.70	40	1028.0
70	15.57	31.14	50	1557.0
100	3.97	7.94	70	555.8
140	1.85	3.70	100	370.0
200	0.79	1.58	140	221.2
270	0.09	0.18	200	36.0
底盘	0.39	0.78	300	234.0
总和	49.44	98.88	—	4663.4

该砂样的 AFS 平均细度 = 4663.4 /98.88 = 47

1.6.3 原砂形状及表面状态的评定

画出观察到的原砂的外观形状,并用相应的符号表示。

1.6.4 原砂酸耗值的检测

称量烘干的砂子质量至少 3 次,并记录数据,按式(1-4)计算测量原砂的酸耗值。

1.6.5 原砂灼烧减量的检测

称量烘干的砂子质量至少 3 次,并记录数据,按式(1-5)计算测量原砂的灼烧减量。

1.6.6 原砂 pH 值和电导率的检测

称量烘干的砂子质量至少 3 次,并记录数据。

思考题

(1)筛分后原砂的主要部分指哪些?

(2)标准筛的目数如何定义?

(3)原砂的外观形状如何描述?

(4)原砂灼烧减量的意义是什么?

(5)原砂的电导率反映了原砂的什么特性?

2 黏土性能检测实验

2.1 实验目的

(1) 掌握普通黏土和膨润土的简易鉴别方法。

(2) 掌握普通黏土和膨润土酸碱性、膨润值、吸蓝量的测定方法。

(3) 掌握普通黏土和膨润土强度的测定方法。

(4) 了解普通黏土和膨润土强度对所配制的型砂的性能的影响。

(5) 掌握膨润土的活化处理方法和确定活化剂适宜用量的方法。

2.2 实验原理

黏土是铸造生产中用量最大的一种黏结剂。它是一种天然土状的细颗粒材料,一般为白色或灰白色。黏土被水润湿后具有黏性和塑性,烘干后有一定的干强度。黏土耐火度较高,复用性好,资源丰富,价格低廉,在铸造生产中获得了广泛应用。铸造生产中所用黏土分为铸造用黏土和铸造用膨润土两类。铸造用黏土主要由高岭石组矿物质($Al_2O_3 \cdot 2SiO_2 \cdot 2H_2O$)组成,具有较小的膨胀收缩性能和较高的耐火度,主要用于需要烘干的黏土砂型和砂型的黏结剂。铸造用膨润土主要由蒙脱石组矿物质($Al_2O_3 \cdot 4SiO_2 \cdot H_2O \cdot nH_2O$)组成,具有比高岭石更高的湿强度,抗夹砂能力较好,主要用作黏土湿型砂的黏结剂。

2.2.1 测定膨润土 pH 值

铸造用膨润土的 pH 值反映了该膨润土呈酸性还是呈碱性。钙基膨润土有呈酸性的,也有呈碱性的。呈碱性的钙基膨润土在活化处理时,碳酸钠的加入量一般比呈酸性的少。

2.2.2 测定黏土或膨润土的膨润值(膨胀倍数)

膨润土遇水有明显的膨胀性能,与盐酸溶液混匀后,膨胀后所占有的体积称为膨胀倍数或膨润值,单位为 mL/g。膨润值与膨润土的类型和蒙脱石的含量密切相关。同一类型的膨润土,含蒙脱石愈多,膨胀倍数愈高。所以,膨胀倍数也是鉴定膨润土矿石类型和评估膨润土质量的技术指标之一。

一般取膨润土 3.0 g(优质钠土取 1 g),加入 25 mL 浓度为 1 mol/L 的盐酸溶液置于容积为 100 mL 的量筒中,加蒸馏水至 100 mL 刻度处,使膨润土充分分散,静置 24 h,测出膨润土的沉淀体积,此沉淀体积即膨润值。

2.2.3 测定黏土或膨润土的吸蓝量

黏土或膨润土分散于水溶液中时具有吸附色素(例如苯胺染料、甲基紫、亚甲基蓝等)的能力,其吸附量称为吸蓝量。通过测定吸蓝量可以检验黏土或膨润土的纯净程度及型砂中活性膨润土含量。其对亚甲基蓝的吸附量较大,亚甲基蓝的分子式为 $C_{16}H_{18}N_3ClS \cdot 3H_2O$,分子量为 373.9。不同种类的黏土或膨润土吸附色素的能力有很大区别,每 100 g 干蒙脱石黏土矿物约能吸附亚甲基蓝 44 g,而高岭石类黏土矿物的吸附量较小,一般小于 10 g。

黏土吸蓝量的测定方法有比色法和染色滴定法两种。染色滴定法不用特殊的设备和仪器,操作简单,测定的准确程度符合生产要求,故在生产中应用较广。本实验采用染色滴定法。

根据 JB/T 9227—1999 标准,以 100 g 试样吸附的亚甲基蓝的质量(g)表示吸蓝量。

吸蓝量具体计算公式为

$$M = [(N \times V)/G] \times 100 \tag{2-1}$$

式中:M——吸蓝量,g/100 g 试样;

$\quad N$——每毫升亚甲基蓝溶液中含有的亚甲基蓝质量,g/mL;

$\quad V$——亚甲基蓝溶液的滴定量,mL;

$\quad G$——试样的质量,g。

2.2.4 测定黏土或膨润土砂型的强度(湿压强度)

强度是指用型、芯砂制成的标准试样在外力作用下破坏时单位面积上承受的力的大小,以 MPa 为单位。黏土和膨润土砂型的强度包含湿压强度和干压强度。

湿压强度表示起模后砂型(芯)自身及受外力作用时能保持原有形状的能力。湿压强度对铸造过程的影响:在承受工序中的机械力、浇注时的冲刷或静压力时,湿压强度过低会造成塌箱、砂眼、胀砂、跑火等缺陷,过高则会增加黏土和最适宜含水量,降低透气性,提高成本,增大混砂、紧实、落砂困难。

2.2.5　膨润土的活化处理及活化剂适宜用量的确定

由于蒙脱石颗粒表面和晶格内 Si^{4+} 和 Al^{3+} 阳离子易被低价阳离子置换而使单位结构层带负电,因此能吸附阳离子。自然界中,蒙脱石吸附的阳离子主要是 Ca^{2+} 和 Na^+。根据蒙脱石吸附阳离子种类的不同,膨润土可分为两种:主要吸附 Ca^{2+} 离子的称为钙基膨润土,而主要吸附 Na^+ 离子的称为钠基膨润土。钠基膨润土的湿态黏结性能强于钙基膨润土,而且膨胀性质也比钙基膨润土好。但是,钠基膨润土的产量有限、价格较贵,故应用受到限制。为了提高型砂的抗夹砂能力,扩大湿型砂的应用范围,可对钙膨润土进行活化处理。

根据膨润土能吸附阳离子,而且吸附的阳离子可以和电解质溶液中的阳离子发生交换的原理,可以人为地添加活化剂,使钙基膨润土转化为钠基膨润土,这种方法称为活化处理。要使钙基膨润土转化为钠基膨润土,可以在钙基膨润土的水溶液里加放钠盐。在生产中,一般是加入一定数量的 Na_2CO_3。Na_2CO_3 称为活化剂。如何控制钙基膨润土活化处理程度,究竟加多少 Na_2CO_3 能取得最好的效果,是活化处理过程中的关键问题。目前,国内外大多采用在含有一定数量的钙基膨润土的型砂中加入不同数量的 Na_2CO_3,以膨润土型砂湿压强度达到最大值时所需的 Na_2CO_3 加入量,作为该膨润土最适宜的活化处理量。

2.3　实验内容

(1) 使用 pH 试纸鉴定膨润土的 pH 值。

(2) 使用量筒、借助盐酸测试膨润土的膨润倍数。

(3) 根据 GB/T 2684—2009 标准,借助强度机测定膨润土工艺试样的湿压强度。

2.4 实验材料与设备

2.4.1 实验材料

(1) 测定膨润土的 pH 值。

材料:膨润土和水、pH 试纸。

(2) 测定黏土或膨润土的膨润值(膨胀倍数)。

材料:膨润土、水和浓度为 1 mol/L 的盐酸溶液。

(3) 测定黏土或膨润土的吸蓝量。

材料:膨润土和普通黏土,1.0% 的焦磷酸钠溶液($Na_4P_2O_7 \cdot 10H_2O$),0.2% 的亚甲基蓝溶液(化学试剂)及水。

(4) 测定膨润土的工艺试样强度(湿压强度和干压强度)。

材料:标准砂(MBS 砂),膨润土和水。

2.4.2 实验设备

(1) 测定膨润土的 pH 值。

设备仪器:天平,150 mL 烧杯。

(2) 测定黏土或膨润土的膨润值(膨胀倍数)。

设备仪器:天平,带塞量筒(直径约 25 mm,100 mL)。

(3) 测定黏土或膨润土的吸蓝量。

设备仪器:滴定管,滴定管架,250 mL 三角烧杯,天平,电炉盘,滤纸。

(4) 测定膨润土的工艺试样强度(湿压强度和干压强度)。

设备仪器:混砂机,SAC 锤击式制样机,SQY 液压强度机(图 2-1),100 mL 量筒,烘箱。

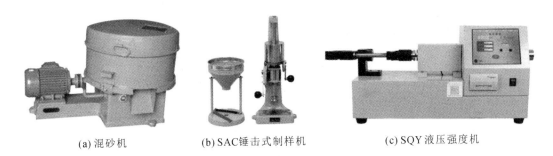

　(a) 混砂机　　　　　(b) SAC锤击式制样机　　　　　(c) SQY液压强度机

图 2-1　型砂强度试验仪器

2.5　实验步骤

2.5.1　测定膨润土 pH 值

（1）在天平上称取 10 g 试料，放于烧杯内。

（2）加入 100 mL 蒸馏水，用玻璃棒搅拌 5 min。

（3）用 pH 试纸鉴定溶液 pH 值。

2.5.2　测定黏土或膨润土的膨润值（膨胀倍数）

（1）称取(1±0.001)g 膨润土，将其加入盛有 30～40 mL 水的 100 mL 带塞量筒内，再加水至 75 mL 刻度处。

（2）盖紧塞子摇晃 3 min，使试样充分散开与水混匀，在光亮处观察，无明显颗粒团块即可。

（3）打开塞子，加入 25 mL 浓度为 1 mol/L 的盐酸溶液，再塞上塞子，摇晃 1 min。

（4）将量筒放置于不受振动的台面上，静置 24 h，使混合液沉淀，读出沉淀物界面的刻度值（图 2-2），该值即为膨胀倍数或膨润值，以 mL/g 为单位表示，记录结果。

2.5.3　测定黏土或膨润土的吸蓝量

（1）称取烘干的黏土或膨润土试样 0.2 g（精确到 0.001 g），放入三角烧杯中。

（2）加入 50 mL 蒸馏水，使其预先润湿，再加入 1.0% 的焦磷酸钠溶液 20 mL，并摇匀。

图 2-2　膨润土膨润值测试

（3）把烧杯放在电炉上，煮沸 5min，然后取下在空气中冷却到室温。

（4）用滴定管滴入浓度为 0.2％的亚甲基蓝溶液，滴定时，对普通黏土第一次可加入 5 mL，对膨润土第一次可加入 30 mL。用手摇晃烧杯 30 s，然后用玻璃棒沾一点液体滴在滤纸上（滤纸上液滴直径最好为 15～20 mm），观察滤纸中央深蓝色点的周围有无出现蓝绿色的晕环，若未出现，继续滴加亚甲基蓝溶液，如此反复操作，直到深色圆点外出现蓝绿色晕环为止（图 2-3b），滴加量适当时晕环的宽度为 1 mm 左右。出现蓝绿色晕环后，再将烧杯摇晃 2 min，然后在滤纸上点一滴液体，若其四周无蓝绿色晕环，说明未到终点，应再滴入亚甲基蓝，直到出现晕环为止。这时表明已达到终点，记下亚甲基蓝的滴定量。如图 2-3 所示，图 a 表示未到终点，图 b 表示已到终点。表 2-1 可用以快速判断滴定终点。

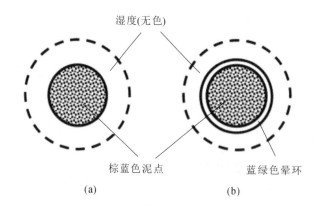

湿度(无色)

棕蓝色泥点　　　　　　　　　蓝绿色晕环

(a)　　　　　　　　　　(b)

图 2-3　终点检查示意图

表 2-1　吸蓝量实验的终点晕圈比较

	开始 按规定的实验程序制备样品和进行实验,一般滴 4～5 滴就可以到达终点
	没有晕圈 应继续滴加亚甲基蓝标准溶液,一毫升一毫升地增加,直到晕圈出现
	微弱晕圈 在继续滴加亚甲基蓝标准溶液之前,摇晃烧杯 2 min,如果晕圈消失,再次摇晃烧杯,然后继续滴加 1 mL 亚甲基蓝标准溶液,并观察晕圈
	良好晕圈(终点) 达到终点,晕圈保持不变,即获得要求的良好晕圈,记录滴定消耗的亚甲基蓝溶液毫升数
	滴定过量晕圈 滴定亚甲基蓝溶液过量。如果滴定第一滴甲基蓝溶液就过量,则应该重新进行实验

2.5.4　测定黏土或膨润土的工艺试样强度(湿压强度)

(1) 按表 2-2 准备原材料,并按规定的混制工艺进行混合,将混好的砂卸入盛砂斗以备用。

表 2-2　黏土砂的配制工艺

黏土名称	配方组成/g		
	标准砂(NBS)	膨润土(P)	水(H₂O)
膨润土	1900	100	40
备注	1. 混制工艺:$S + P_{干混}^{2min} + H_2O_{湿混}^{8min}$ 出砂; 2. 砂子、膨润土和水的质量比为 95:5:4		

（2）根据 GB/T 2684—2009 标准中的方法，称取上述试料 150～170 g，装入试样筒内。

（3）将试样筒装在制样机上定位，然后轻轻地使冲头复位，转动制样机凸轮手柄，冲实试样，重复三次后观察是否合适，否则，重新制作，直至试样标准为止。

（4）取下样筒，在顶样器上顶出试样，放在强度机夹具上。

（5）匀速转动强度机手轮，使压力逐渐作用于试样上（负载的增加速度应慢一些，一般为 0.2 MPa/min），直至试样破坏为止，从压力表上读出相应值，并记录。

注：每种试样的湿压强度值，都应由三个试样的强度值平均计算而得。如果三个试样中任何一个试样的强度值与平均值相差超过 10%，应重新进行实验。

2.5.5　膨润土的活化处理及活化剂适宜用量的确定

（1）按表 2-2 准备原材料，并进行混合。

（2）称取上述试料 150～170 g，装入试样筒内。

（3）将试样筒装在制样机上定位，然后轻轻地使冲头复位，转动制样机凸轮手柄，冲实试样，重复三次后观察是否合适，否则，重新调整 Na_2CO_3 的加入量，进行活化处理，再制作试样，直至试样标准为止。

（4）取下样筒，在顶样器上顶出试样，放在强度机夹具上。

（5）转动强度机手轮，使压力逐渐作用于试样上，直至试样破坏为止，从表头读出相应值，并记录。

2.6　实验报告内容

2.6.1　测定膨润土 pH 值

（1）记录测出的膨润土 pH 值。

（2）判断所得的膨润土属于碱性的还是酸性的。

（3）分析膨润土的酸碱性对黏土后续使用的影响。

2.6.2　测定黏土或膨润土的膨润值（膨胀倍数）

（1）记录所测黏土或膨润土的膨润值。

（2）分析黏土或膨润土的膨润值大小对其配制的型砂使用性能的影响。

2.6.3　测定黏土或膨润土的吸蓝量

根据测定的各数值按式（2-1）计算吸蓝量。

（1）加入焦磷酸钠能使钙膨润土转变为钠膨润土，也可使黏土颗粒充分扩散，从而提高吸蓝量。

（2）焦磷酸钠加入量应对活化膨润土是适用的。

（3）快、中速定量滤纸比较理想。

（4）亚甲基蓝溶液贮放于深棕色玻璃瓶中。

2.6.4　测定黏土或膨润土的工艺试样强度（湿压强度）

（1）记录黏土或膨润土的湿压强度值。

（2）分析黏土或膨润土作为黏结剂，其湿压强度值的高低对其制成的型砂性能的影响。

2.6.5　膨润土的活化处理及活化剂适宜用量的确定

（1）记录配料值及测得的混好的黏土砂的湿压强度值。

（2）比较配制的各组样料的湿压强度值，选出最适宜的活化剂用量。

思考题

（1）膨润土和高岭土的区别是什么？

（2）膨润土的 pH 值大小会影响黏土砂的什么性能？

（3）为什么膨润土的水润性特别好？

（4）膨润土的活化对于其性能的提高有什么帮助？

（5）Na^+ 的活化能力为什么比 Ca^{2+} 的活化能力强？

3 黏土砂性能检测实验

3.1 实验目的

（1）掌握黏土湿型砂的制备及标准圆柱试样的制作方法。

（2）掌握黏土湿型砂主要性能的测定方法。

（3）了解含水量对黏土砂主要性能的影响规律。

3.2 实验原理

3.2.1 黏土湿型砂的制备

黏土砂是将原砂、黏土及其他附加物和水按一定的比例经混砂机混制而成的混合料。黏土型砂主要分湿型砂和干型砂两类。湿型砂是以膨润土作黏结剂的一种型砂，基本特点是不需要烘干和硬化，而且退让性较好，便于落砂。实验用黏土湿型砂材料配比可参见表 3-1。

表 3-1　实验用湿型砂材料配比

材料	分组			
	1#	2#	3#	4#
原砂/g	100	100	100	100
膨润土/g	5	5	5	5
水/mL	2	4	6	8

注：每碾只混 3000 g

这些材料需要经过混砂机的混碾后才能使用。混砂过程的作用有二：一是使砂、黏土、水分及其他附加物混合均匀;二是搓揉各种材料,使黏土膜均匀包覆在砂粒周围。

3.2.2　标准试样的制备

标准试样规格如表 3-2 所示。

表 3-2　标准试样规格

试样名称	形状与尺寸	试样性能	每个试样砂重/g
圆柱形试样	$\phi 50 \pm 1$　$\phi 50 \pm 1$	湿透气 湿抗压 干透气 干抗压	170
"8"字形试样	R12　R48.25　R22.1　22.36　66　41　2　36　22.36	干抗拉	95
抗弯试样	22.36　151　R11.18	干抗弯	150

3.2.3　测定黏土型砂的湿度(含水量)

GB/T 2684—2009 标准规定:黏土湿型砂的含水量是指其在 105～110 ℃烘干能去除的水分含量。以烘干后失去的质量与原试样质量的百分比表示即

$$X = [(G - G_1)/G] \times 100\%$$ 　　　　　(3-1)

式中:X——含水量,%;

G——原来砂样质量，g；

G_1——烘干后砂样质量，g。

型砂含水量的测定方法分标准法和快速法两种。一般实验可采用快速方法，仲裁实验和研究性的实验应该选用标准方法。测定原砂含水量的方法与型砂相同。

3.2.4 测定黏土型砂的透气性

根据 GB/T 2684—2009 标准，黏土砂的透气性是指紧实的砂样允许气体通过的能力。测定透气性是利用一定数量的空气在一定压力下通过圆柱形试样进行的。

一般采用透气性测定仪来测定型、芯砂在干态及湿态时透气性的数值。透气性大小用透气率表示。透气率表示单位时间内，在单位压力下通过单位面积和单位长度试样的气体量，其单位一般不写出，作为无单位值，其值精确至整数。透气率的测定方法有标准法和快速法两种。标准法测定透气率的结果精确稳定，但较麻烦费时间，因此，在生产条件下一般采用快速法测定透气率，本实验采用快速测定法。为了比较不同造型材料的透气性，采用冲样机制备直径为(50 ± 1)mm 的标准试样，在 STZ 型直读式透气性测定仪上进行实验。测定仪原理见图 3-1。

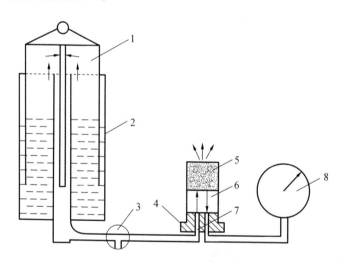

图 3-1 STZ 型直读式透气性测定仪原理图

1—气钟；2—水筒；3—三通阀；4—试样座；5—标准砂样；6—试样筒；7—阻流孔；8—显示表

用快速法测定时，首先提起透气性测定仪的气钟，安装试样筒，使其与测定仪上的试样座密合，然后旋转三通阀至通气位置，放下气钟，靠气钟的自动下落可产生 100 mm 水柱的恒压气源。

标准砂样对空气的通过起着阻碍作用,进行测定时,从显示表上读得的压力值代表达到标准砂样前气体压力的大小,其大小与通气孔及砂样对空气通过的阻力有关,而通气孔尺寸为定值,故水柱高度的数值就只随空气通过砂样的阻力而变化,即只随透气率变化。试样透气性好,压力就低,反之,试样透气性差,压力就高。依照与标准法作对照试验得出压力与透气性的换算表,就可以从表上直接读出透气值。

3.2.5 测定黏土型砂的强度

型砂强度是指型砂试样抵抗外力破坏的能力,包括湿强度和干强度等,单位为 MPa。

3.2.6 测定黏土型砂的韧性

韧性是指型砂在造型、起模时吸收塑性变形,不易损坏的能力,一般以破碎指数来表示。破碎指数越高,表明韧性越好而流动性越差。通常对于压实造型,型砂的破碎指数应在 60%~68%,对于震压造型则应在 68%~75%。

3.2.7 测定黏土型砂的紧实率

根据 GB/T 2684—2009 标准,黏土砂的紧实率是指湿态的型砂在一定紧实力的作用下其体积变化的百分比,用试样紧实前后高度变化的百分数表示,即

$$紧实率 = [(H_0 - H_1)/H_0] \times 100\% \qquad (3-2)$$

式中:H_0——试样紧实前的高度,mm;

H_1——试样紧实后的高度,mm。

比较干的型砂在未紧实前,颗粒间堆积比较紧密,即松态密度高,紧实后,体积减小不多;比较湿的黏土型砂,未紧实前松态密度小,紧实后,体积减小很多,所以还可以根据型砂试样筒内紧实前后的体积变化来检测型砂的干湿状态。

3.2.8 测定黏土砂的热湿拉强度

黏土湿砂型在浇注时,高温急热造成水分向内部迁移,使砂型表面以下形成高湿度凝聚层,此砂层的抗拉强度称为热湿拉强度。由于该层湿度一般很高,因此湿拉强度显著下降,容易引起铸型开裂,产生夹砂缺陷。热湿拉强度更能反映湿型砂在实际工作条

件下抵抗破坏的能力。

热湿拉强度的测定采用模拟浇注法,其原理见图 3-2。把湿砂样的一端加热至 320 ℃,保持 20～30 s,使得在该端形成一定厚度(4 mm)的干砂层,同时在干砂层后形成水分凝聚区,然后加载拉力负载,测得高水分区的湿拉强度。热湿拉强度的测定是在 SQR 型或 SLR 型型砂热湿拉强度试验仪上自动进行的。其测试原理是:将 $\phi50$ mm× 50 mm型砂标准试样一端加热,使之形成一定厚度的干砂层及水分凝聚区,然后施加拉力负载,测定标准试样中水分凝聚区的抗拉强度,以 kPa 为单位表示。

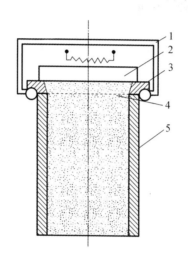

图 3-2　热湿拉强度的测定原理示意图

1—拉臂;2—电热板;3—上拉环;4—水分凝聚层;5—下筒体

影响热湿拉强度的因素包括:

(1) 黏土种类。钠基膨润土的热湿拉强度最高,钙基活化膨润土次之,普通黏土最低。

(2) 黏土含量。当黏土含量增加时,热湿拉强度提高。

(3) 紧实度。当紧实度提高时,热湿拉强度也相应提高。

(4) 原砂颗粒特性。粒度较大,尖角型砂较多时(角形因数小),热湿拉强度较高。

(5) 附加物。在型砂中加入面粉、糊精等附加物可提高热湿拉强度。

(6) 混砂机类型。采用具有揉搓功能的混砂机混砂时,热湿拉强度会提高。

3.3 实验内容

(1) 使用快速水分法测试型砂的湿度。

(2) 借助 GB/T 2684—2009 中的试验方法,用 ZTY 智能透气性测定仪测型砂的透气率。

(3) 使用强度试验机测定型砂的湿强度和干强度。

(4) 使用热湿拉强度测试仪测定黏土砂的热湿拉强度。

3.4 实验材料与设备

(1) 黏土湿型砂的制备。

材料:原砂,膨润土,水。

设备:碾轮混砂机(图 2-1a)。

(2) 标准试样的制备。

材料:混制好的黏土湿型砂。

设备:制样机(图 2-1b)。

(3) 测定型砂的湿度(含水量)。

材料:混制好的黏土湿型砂。

设备:快速水分测定仪,红外线烘干器,量筒,天平,软毛刷,砂斗。

(4) 测定型砂的透气率。

材料:圆柱标准试样。

设备:直读式透气性测定仪或 ZTY 智能透气性测定仪(图 3-3)。

(5) 测定型砂的强度。

材料:圆柱标准试样。

设备:液压万能强度试验机(图 3-4),鼓风式干燥箱。

(6) 测定型砂的韧性。

材料:标准圆柱试样。

设备:破碎指数测定仪(图 3-5),天平。

(a) 直读式透气性测定仪

(b) ZTY智能透气性测定仪

图 3-3　测定型砂透气性的仪器

图 3-4　液压万能强度试验机

图 3-5　破碎指数测定仪

（7）测定型砂的紧实率。

材料：混制好的黏土湿型砂。

设备：SAC 锤击式制样机（图 2-1b），圆柱制样筒，孔径为 6 mm 的筛子。

（8）测定黏土砂的热湿拉强度。

材料：混制好的黏土湿型砂。

设备：ZSL 智能型砂热湿拉强度试验仪（图 3-6），圆柱制样筒，孔径为 6 mm 的筛子。

图 3-6　ZSL 智能型砂热湿拉强度试验仪

3.5　实验步骤

3.5.1　黏土砂的配制

(1) 按一定配比称出原材料,首先接通混砂机电源,碾轮转动以后,按照砂→黏土→附加物→水的顺序加入各种材料。一般先将砂及粉状材料干混 2 min,再加水及液体材料湿混 8 min 左右出砂。

(2) 开启混砂机卸料门,使混制好的材料落入盛砂盘内,用湿布盖好备用。

(3) 关闭混砂机电源,清扫混砂机内外。

3.5.2　标准试样的制作

(1) 取出一定量的混合黏土湿型砂,装入试样筒中并推平。

(2) 扳动速升柄,抬高冲砂头,将试样筒放在冲砂头下面与锤杆进行对中,缓缓放下速升柄,均匀摇动凸轮手柄,速击三次。

(3) 扳起速升柄和冲砂头,将试样筒取出。

3.5.3 型砂的湿度

（1）实验室常规法。

① 各组按表3-3所示配方进行混砂，以备用。称取已混好的砂50 g（精确到0.1 g），倒入烘盘中，均匀铺平，然后在红外线烘干器上烘干（10 min左右），冷却到室温。

表3-3 黏土砂配方

序号	材料名称		
	砂/g	膨润土/g	水/mL
1	1900	100	60
2	1900	100	80
3	1900	100	100
4	1900	100	120
5	1900	100	140
6	1900	100	160
备注	1. 混制工艺：$S + P_{干混}^{2min} + H_2O_{湿混}^{8min}$出砂； 2. 水分的加入量为3%～8%； 3. 每组做指定的两种配方		

② 用天平称出砂样重量，按式（3-1）计算含水量。

（2）快速水分法。

① 准备工具，包括水分仪及附属支架托盘，取样勺，软毛刷，废样收集盘。

② 按要求接入设备，调节水平，检查支架及铝箔样品盘是否安放平整，无异物。

③ 将设备温度设定为105 ℃，取膨润土4～8 g，砂样5～10 g。

④ 先将设备样品盘空盘去皮，随后添加样品并使其均匀分布，按"开始"键，数分钟内在屏幕上可以看到结果。

注：若设备有多种样品模式，则选择粉料类。

3.5.4 测定型砂的透气率

（1）将装有试样的试样筒安装在ZTY智能透气性测定仪的试样座上压紧，使两者密合。

（2）按下测试键，从仪表显示盘中直接读出透气性的数值。

（3）每种试样的透气性必须测定三次，其结果取平均值，若其中任何一个测定结果与平均值的偏差超出 10％，则应重新进行测定。

3.5.5 测定型砂的强度（湿强度和干强度）

（1）测定湿强度时将制备的标准圆柱试样顶出。

（2）将抗压试样置于预先装在强度试验机上的抗压夹具上，然后转动手轮，逐渐加载于试样上（负载的增加速度应慢一些，一般为 0.2 MPa/min），直到试样破裂，其强度值可直接从压力表上读出。

（3）测湿强度时，至少测得三个值，记录结果，然后取平均值（相对误差应小于 10％）。

（4）测定型砂干强度时先将制成的标准圆柱试样放至预先加热到（180±5）℃的电烘箱中保温 1 h 烘干，然后冷却至室温，再放置在强度试验机上进行测定。具体测定方法与测定湿强度相同，只是负载的增加速度可达 1.0 MPa/min。

3.5.6 测定型砂的韧性

（1）将 ϕ50 mm×50 mm 标准试样放在铁砧上。

（2）用钢球（ϕ50 mm、50 g）自距铁砧表面 1 m 处自由落下，直接打到试样上。

（3）试样破碎后，大块型砂留在筛上，碎的通过筛网落入底盘内，然后称量筛上大块砂样的质量，按式（3-3）计算破碎指数并记录。

$$破碎指数 ＝（筛上砂样质量／试样总质量）×100\% \tag{3-3}$$

3.5.7 测定型砂的紧实率

（1）将混好的型砂通过 3 mm 的筛网松散地填入直径为 50 mm、有效高度为 120 mm 的试样筒中，如图 3-7a 所示。

（2）将试样筒上端型砂用刮板刮平，如图 3-7b 所示。

（3）在锤击式制样机上锤击 3 次，将试样体积被压缩的程度作为型砂的紧实率，其数值可直接从刻线牌上读出，如图 3-7c 所示，或用式（3-2）计算。

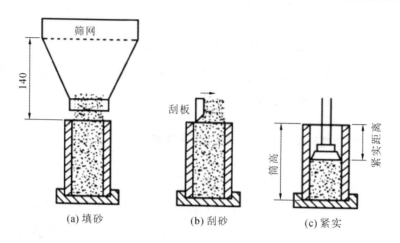

图 3-7　测定紧实率过程示意图

3.5.8　测定黏土砂的热湿拉强度

（1）将试验仪通电预热半小时，将量程开关拨向"50"处；调节温度指示仪调零螺钉，使指针指向"0"，再调节温度控制螺钉，使温度限位指针指向（320－t）℃刻度（t ℃为室温）。

（2）按下加热按钮，加热板开始加热。用加热时间调整旋钮将加热时间调整为 20 s，当加热温度达到 320 ℃时待用。若试件断面不平坦，则需增加或减少加热时间。

（3）按"自动程序"按钮，拨动记录仪测量开关至"能"处，调节记录仪指针指向"0"，再拨动记录仪记录开关至"通"处，向上拨动"20 mm/s"记录纸速度控制钮，按压气阀，使记录笔有墨水出现，放下记录笔，使笔尖与记录纸接触。

（4）在锤击式制样机上锤击型砂 3 次，制成 ϕ50 mm×50 mm 的标准试样，抽出仪器上的挡板，将装有试样的试样筒放置于平台导轨上，并推至导轨终端。

（5）按加热板上升按钮，程序自动进行。当加热板下降时，将簸箕放在试样筒下面，使被拉断的砂落入其内。每次平行测定 5 个试件。每个试件测试完毕后，取出试样筒，将挡热板插入导轨内，以防辐射热损坏传感器。

（6）读数及数据处理。热湿拉强度按下式确定：

$$P = K(N_a - N_b)$$

(3-4)

式中：P——热湿拉强度，kPa。

　　K——仪器常数，当量程开关置于"50"处时，K＝0.05 kPa/格；

N_a——总负载对应的峰高值,格;

N_b——试样筒和剩余试件负载对应值,格。

3.6　实验报告内容

3.6.1　黏土湿型砂的制备

(1)分析实验中给定的混砂工艺对型砂性能的影响。

(2)分析混碾时间过长或过短对型砂性能的影响。

3.6.2　标准试样的制备

绘制标准试样的形状,并说明测定型砂不同性能(抗拉、抗弯、抗剪及抗压强度)时分别用什么形状的试样。

3.6.3　测定型砂的湿度(含水量)

记录砂样质量,并按式(3-1)计算含水量。

3.6.4　测定型砂的透气性

记录测得的透气性数值。

3.6.5　测定型砂的强度

(1)记录型砂的湿强度及干强度值。

(2)分析影响型砂湿强度及干强度的因素。

3.6.6　测定型砂的韧性

(1)记录筛上砂样质量,并按照式(3-3)计算破碎指数。

(2)分析影响型砂韧性的因素。

3.6.7　测定型砂的紧实率

(1)记录锤击后试样筒中型砂的高度,并按照式(3-2)计算型砂的紧实率。

（2）分析测定型砂紧实率的目的。

3.6.8 测定黏土砂的热湿拉强度

读数并按式(3-4)计算热湿拉强度值 P。

以 3 个有效测定值的算术平均值作为热湿拉强度最终结果,计算至一位小数。如果对同一混合料测定 3 个试样,其中任何一个测定值与平均值的偏差超出 10%,则需重新进行测定。

思考题

（1）手工造型和机械造型对黏土砂的含水量要求是否一样？为什么？

（2）黏土砂的紧实率和含水量的指标有什么关系？

（3）黏土砂的透气性和铸件的什么缺陷有密切关系？请分析原因。

（4）黏土砂发气性的检测机理和透气性的检测机理有什么异同？

（5）据统计,黏土砂热湿拉性能和铸件夹砂缺陷密切相关,请分析其原因。

（6）请分析黏土砂的组分和本次实验检测的各性能的关系。

4 自硬性型砂性能检测实验

4.1 实验目的

(1)掌握自硬性型砂的硬化原理。

(2)掌握自硬性型砂性能的测定方法。

(3)了解实验仪器、设备的特点及操作方法。

4.2 实验原理

根据我国应用的铸造型砂分类,属于自硬性型砂的主要有自硬树脂砂和自硬水玻璃砂。将原砂、液态树脂(有机树脂或无机树脂)及液态催(固)化剂混合均匀后,填充到芯盒(或砂箱)中,稍紧实填充物即于室温下在芯盒(或砂箱)内硬化成形。该方法称为自硬冷芯盒法造芯(型),简称自硬法造芯(型)。自硬树脂砂有时也称为不烘树脂砂或冷硬树脂砂。自硬树脂砂的特点是不经过加热就可以实现砂型的硬化,铸型的强度高、韧性好、尺寸精度高,同时还能够实现铸型的硬取模,保证型腔尺寸的稳定。自硬性型砂的性能指标主要有固化速度、常温强度(初始强度、终强度)、高温强度、溃散性、发气性、再生性等。

4.2.1 型砂常温强度性能检测

自硬树脂砂的常温强度是指其砂型(芯)抵抗外力破坏的能力,通常可分为小时强度和终强度,以 MPa 为单位表示。对自硬树脂砂一般只测试抗拉强度。本实验采用自硬呋喃树脂砂,测试砂型硬化后的初始强度和 24 小时终强度。

根据 GB/T 2684—2009,抗拉强度测试采用"8"字形标准试样,如图 4-1 所示。制成的试样取模后,应将试样在规定的条件下干燥或硬化。测定抗拉强度时,将抗拉夹具置于仪器上,然后将抗拉试样放入夹具中(见图 4-2),逐渐加载,直至试样断裂,其抗拉强度值可直接从仪器中读出。

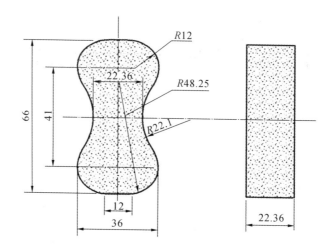

图 4-1 "8"字形标准试样

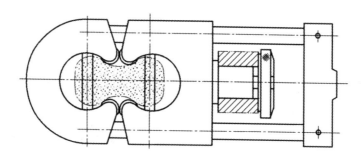

图 4-2 抗拉强度"8"字形标准试样装置示意图

4.2.2 型砂高温强度性能检测

自硬树脂砂的高温强度又称为热强度,是指其砂型(芯)试样加热到室温以上规定的温度时测定的强度。通常用来表示砂型(芯)在浇注高温金属液时抵抗破坏的能力,可分为小时强度和终强度,以 Pa 为单位表示。自硬树脂砂一般只测试高温下的抗压强度。本实验采用自硬呋喃树脂砂,测试砂型的高温强度。试样采用 $\phi30$ mm×50 mm 的圆柱形抗压试样,经硬化后进行实验。

实验时,首先将高温试验仪的炉温升至规定温度,把待测定试样放入炉中,在该温度下保温,直至试样中心部位达到炉温。一般保温时间随规定温度而异,室温较低时保温时间要长一些。然后,按下加载按钮开始加载,直到试样破坏为止。试验仪的记录部分可以记录出最大载荷值,得出树脂砂的高温强度。

4.2.3 型砂溃散性检测

树脂砂或水玻璃砂在浇注后自行溃散的能力称为溃散性。溃散性越差,砂型出砂性越差,铸后清砂和落砂越困难。有机树脂砂在高温下由于树脂被烧失,黏结性能被破坏,砂型在冷却后呈现松散状态,所以溃散性很好。水玻璃砂在高温下由于钠离子的存在,水玻璃黏结剂和硅砂中的二氧化硅发生高温烧结反应,呈现熔融状态,冷却后形成玻璃态,呈现很高的强度,无法破碎,溃散性很差。

溃散性一般采用溃散强度来表示,即将 ϕ50 mm×50 mm 圆柱形试样(图 4-3)加热到额定温度,保温一段时间,然后冷却到室温,再将冷却后的试样放入型砂强度试验仪中进行强度测试,得到的强度值就是溃散强度,一般以 MPa 为单位表示。

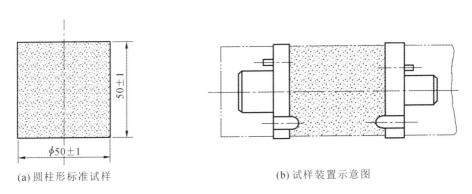

(a) 圆柱形标准试样   (b) 试样装置示意图

图 4-3 试样强度测试示意图

4.2.4 型砂发气性检测

在某些情况下,造型的材料和型(芯)砂的发气性会导致铸件产生气孔或形成夹砂,因此铸造生产中应注意对造型材料发气性的控制,其测试原理如图 4-4 所示。先将型(芯)砂放入瓷舟,再将瓷舟放入 850～1000 ℃的管式电炉内燃烧,燃烧所产生的气体进入冷凝管,然后进入压力传感器。在气体压力的作用下,压力传感器显示的数值就是发气量的数值。总发气量是指试料到发气终止时所产生的气体体积总量,以 mL/g 为单位。发气速度是指试料在一定温度下,单位时间内产生气体的体积。仪器的显示屏会给出发气性曲线、发气量及发气速度。

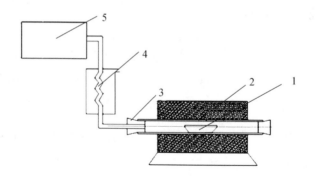

图 4-4　发气性测试原理

1—瓷舟;2—石英玻璃管;3—管式电炉;4—冷凝器;5—压力传感器

4.2.5　型砂可使用时间检测

自硬树脂砂或水玻璃砂的可使用时间指混砂后至型砂能用以制作出合格型、芯的时间。将混好的型砂放入密闭的容器中,每隔 10 min(从型砂出砂后算起)用制样机冲制圆柱形标准试样 3 个,直至型砂硬化,不能继续再制作试样为止。然后在一定的环境温度和相对湿度下,将所有试样均放置 24 h,再分别测试其抗压强度。将出碾后 10 min 时制作的试样的抗压强度值与后续每隔 10 min 制作的试样的抗压强度值进行比较,以其强度值下降 20%时的试样所经历的时间,作为该型砂的可使用时间。

可使用时间过长会造成砂型起模时间过长,生产周期变长;可使用时间过短,复杂砂型制备时间不够,铸件表面粗糙度偏大的概率增加。

4.3　实验内容

(1)使用型砂强度试验机测定型砂的室温抗拉强度。

(2)使用万能强度仪检测水玻璃砂型的溃散性。

(3)借助恒温烘干箱检测水玻璃砂型的发气性。

4.4　实验材料与设备

(1)型砂常温强度性能检测。

材料:混制好的自硬性型砂。

设备:树脂砂混砂机,砂强度机(图 4-5)。

(a) 树脂砂混砂机

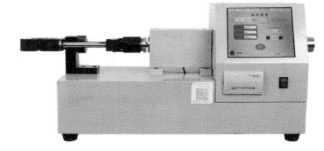

(b) 砂强度机

图 4-5　测定型砂常温强度的仪器

(2) 型砂高温强度性能检测。

材料:混制好的自硬性型砂。

设备:树脂砂高温性能测试仪,覆膜砂制样机(图 4-6),试样模具一套。

(a) 树脂砂高温性能测试仪

(b) 覆膜砂制样机

图 4-6　测定型砂高温强度的仪器

(3) 型砂溃散性检测。

材料:混制好的自硬性型砂。

设备:SX2-4-13 实验多用箱式电炉,智能型砂强度机。

(4) 型砂发气性检测。

材料:混制好的自硬性型砂。

设备:智能发气性测试仪(图 4-7)。

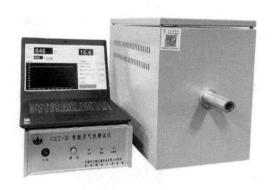

图 4-7　智能发气性测试仪

（5）型砂可使用时间检测。

材料：混制好的自硬性型砂。

设备：XQY-Ⅱ智能型砂强度机，圆柱试样模具。

4.5　实验步骤

4.5.1　型砂常温强度性能检测

（1）自硬树脂砂的配制。

① 称取原砂 3000 g，呋喃树脂按占砂重的 1.2％称取，置于玻璃烧杯中待用，固化剂（对甲苯磺酸溶液）按占树脂的 30％～50％称取，置于烧杯中待用。

② 将称好的原砂倒入混砂机（图 4-5a）中，干混 5 s 停机。

③ 将称好的固化剂倒入混砂机，启动混砂机，混砂 60 s 后停机。

④ 将称好的树脂液倒入混砂机，启动混砂机，混砂 120 s 后停机。

⑤ 取出砂斗，将混好的树脂砂装入容器中待用。

（2）制作"8"字形试样。

① 取标准"8"字形试样模具，并放置于平板上。

② 将混好的树脂砂有序填入试样模具中，舂紧实，刮平。

③ 等试样模具中的型砂颜色逐渐变绿，手按残砂，若残砂已经硬化，即可脱模。试样翻面存放待用。

（3）强度测试。

① 取出试样,将试样放入型砂强度试验机的抗拉夹具内,进行抗拉强度的测定。

② 记下仪器读数,并按照读取的抗拉强度值,取 3 个试样的算术平均值作为该砂的常温抗拉强度值。

4.5.2 型砂高温强度性能检测

（1）制作高温强度试样。

① 取 $\phi 30$ mm $\times 30$ mm 圆柱形标准试样模具,并放置于平板上。

② 将混好的树脂砂有序填入试样模具中,舂紧实,刮平。

③ 等试样模具中的型砂颜色逐渐变绿,手按残砂,若残砂已经硬化,即可脱模。试样翻面存放待用。

（2）高温强度测试。

① 将高温炉预先加热至规定温度,把待测试样放入炉中,在该温度下保温一段时间,直至试样中心温度达到炉温。

② 按下加载按钮,对试样加载,直至试样破坏为止,此时试验仪的记录部分便指示出最大载荷值,此即型砂的高温抗压强度。

③ 按以上步骤连续测试 3～5 个试样,并记录强度数值,取 3 个试样的算术平均值作为该型砂的高温抗压强度值。

4.5.3 型砂溃散性检测

对水玻璃砂型或树脂砂型溃散性的测试目前没有统一的标准测试办法,国内外常用的有残留强度法。

实验时,将硬化后的 $\phi 30$ mm $\times 30$ mm 型砂试样,放入预先加热至规定温度的高温炉中,待炉温稳定在该温度（一般为 $800～1200$ ℃ 之间的某个设定温度）后开始计时,保温一段时间（一般为 30 min）。然后,取出试样待其冷却至室温后,用万能强度仪测定其抗压强度,该强度即该型砂在设定温度下的残留强度。

4.5.4 型砂发气性检测

（1）检查仪器管道是否畅通或漏气。

（2）打开仪器升温开关，对系统进行预热。

（3）将惰性气体通入管道中，排除管道内的空气。

（4）称样。将试料预先在低于 170 ℃ 的恒温烘箱中烘干至恒重，称量 1 g 置于瓷舟上，送入红热的石英管中，立即盖上橡皮塞，观察记录纸上的记录曲线。

（5）整理数据。

4.5.5　型砂可使用时间检测

用制备好的型砂制作三个 $\phi50$ mm×50 mm 的圆柱形试样，立即测其抗压强度，其余的型砂放回密闭的容器中保存，然后每隔一定时间再制作三个试样，并立即测其抗压强度。绘制时间-抗压强度曲线，横坐标为制作试样前经历的时间，纵坐标为三个试样抗压强度平均值。当型砂的抗压强度达 0.07 MPa 时所经历的时间即为可使用时间。

4.6　实验报告内容

（1）实验目的、使用设备的名称和型号。

（2）树脂砂性能测试结果和数据处理过程。

（3）老师布置的思考题解答，自己的实验体会、感想与建议。

思考题

（1）呋喃树脂砂的硬化原理是什么？为何树脂砂可以硬取模，而黏土砂不能？

（2）自硬性型砂常温强度的检测往往用抗拉强度，而黏土湿型砂常温强度的检测往往用抗压强度，为什么？

（3）自硬性型砂的可使用时间说明了型砂的何种使用性能？

（4）型砂高温强度和溃散性的检测有什么异同？为什么？

（5）呋喃树脂砂实验时往往有气味溢出，为什么？高温时的气味和常温时的气味有什么异同？为什么？

5 铸造涂料性能检测实验

5.1 实验目的

(1) 熟悉铸造涂料的作用及其性能的评价方法。

(2) 掌握铸造涂料主要性能的测定方法。

(3) 了解铸造涂料各组分对其主要性能的影响规律。

5.2 实验原理

5.2.1 涂料密度检测

密度对涂料的制备和使用有重要意义,必须严格控制。涂料的密度主要取决于耐火填料的种类、含固率及悬浮剂的加入量等因素。同一种涂料密度的大小可间接地反映出该涂料中固体含量的大小。不同耐火填料配制的涂料密度差异很大。如醇基锆英粉涂料的密度一般为 $1.7\sim1.9$ g/cm^3,而醇基石墨粉涂料的密度只有 $1.2\sim1.4$ g/cm^3。

涂料密度的测量按 JB/T 9226—2008 中的规定执行,也可以采用波美度测量法。涂料的密度和波美度之间存在着一定的关系。波美计的主体是一个密封的玻璃管,管的底部装有铅粒或汞,起着增重的作用,管的上部是一根细管,内壁贴有标尺,从标尺可直接读得波美度值。波美计有两种:重表,用于测量密度大于水的涂料,或用于刷涂的涂料;轻表,用于测量密度小于水的涂料,或非锆石类的各种涂料。波美度与密度之间的一般换算公式对涂料也适用。

波美度(°Bé)=144.3−144.3/密度(d) (适用于密度大于 1 g/cm^3 的涂料)

波美度(°Bé)=144.3/密度(d)−144.3 (适用于密度小于 1 g/cm^3 的涂料)

波美计的测量原理是阿基米德定律,液体密度愈大,浮力愈大,波美计伸出液面也愈多,反之,波美计伸出液面愈少,这样即可由波美计标尺读出波美度值。

因波美计是以 20 ℃为标准温度制造的,而水的密度随温度变化而变化,从而影响波美计的浮力和读数,所以当被测液体温度不为 20 ℃时,应进行修正,修正公式是:$Be_{20℃} = Be_{实测} + 0.05 \times (T - 20)$。

5.2.2 涂料黏度检测

黏度可以认为是流体对流动所具有的内部阻力。黏度是一个重要的涂料性能指标,对涂料的储存稳定性、施工性能和成膜性能有很大影响。

涂料黏度的测定仪器很多,包括流出式黏度杯、斯托默黏度计、落球黏度计、旋转黏度计、毛细管黏度计、锥板黏度计等。铸造涂料常用 4 号和 1 号黏度杯测定涂料的条件黏度。测定黏度的目的在于控制涂料的涂刷性,以及涂料渗入砂型或砂芯表面的深度和涂层厚度。

涂料黏度的检测按 JB/T 9226—2008 中的规定执行,也可以按 GB/T 1723—1993 中的规定使用涂-1 杯和涂-4 杯执行。涂-1 杯用于测定流出时间不少于 20 s 的涂料产品。涂-4 杯用于测定流出时间在 150 s 以下的涂料。若两次测定值之差不大于平均值的3%,则取两次测定值的平均值作为测定结果。

触变型涂料用流出式黏度杯所测黏度过大,需用旋转黏度计,如旋转桨式黏度计、同轴圆筒旋转黏度计、锥形平板黏度计等。

5.2.3 涂料固含量检测

涂料固含量其实就是涂料的不挥发分含量,是涂料在一定的温度下加热,干燥后剩余物质量与样品原来质量的百分比。测定方法有红外线灯法和烘箱法两种。

对于铸造涂料,一般采用烘箱法:称取 2 g 样品(若是硝基漆、891 涂料或过氯乙烯漆则应称取 5 g)置于干燥洁净的白铁皿中,然后置于 105 ℃的恒温烘箱中加热 20 min,取出放入干燥器中冷却至室温称重。重复以上加热、冷却、称重步骤直至两次称量的质量差不大于 0.01 g 为止。

固含量按下式计算:

$$X = [(W - w)/G] \times 100\% \qquad (5\text{-}1)$$

式中:W——烘干后样品和容器总质量,g;

w——容器质量,g;

G——样品质量,g。

计算结果应取两次平行测试的平均值,且两次测试的相对误差应不大于 3%。

5.2.4　涂料悬浮性检测

优质涂料的一个重要特征,就是能长期保持耐火填料均匀悬浮在液体介质中不沉淀、不分层、不结块,并保持性能均匀一致。涂料的悬浮性分为两种,一种是静态悬浮性,另一种是动态悬浮性,两者存在紧密的内在联系。静态悬浮性用将涂料装入 100 mL 带塞量筒静置一定时间后测出的悬浮率表示。通常提到的悬浮率即指静态悬浮率。但是人们在长期的生产实践中发现,有时静态悬浮性较好的涂料在长途运输过程中会出现严重的板结(即死沉淀)。动态悬浮率能更好地反映运输过程中的振动对悬浮性的影响。测定动态悬浮率时,将装有 100 mL 涂料的带塞量筒放置并固定在具有一定振动频率和振幅的微振筛砂机上,振动一定时间后检测其底部的死沉淀率。

5.2.5　涂料表面强度检测

铸型表面涂刷的涂料需经过干燥硬化,以使涂层具备一定的表面强度,满足搬运、合型和配箱等操作的要求。目前测定涂层表面强度的方法有压力法、机械擦刷法、落砂法等。

根据 GB/T 6739—2022,采用一套已知硬度的铅笔笔芯端面的锐利边缘,与涂膜成 45°角划涂膜,以不能划伤涂膜的最硬铅笔硬度表示涂层的表面强度。手工操作时,由于用力上的差别,偏差较大,可用专门的铅笔试验仪来测试。

铅笔划涂膜时,既有压力又有剪切作用力,与机械擦刷法中摆杆的阻尼作用是不同的,两种方法测得的表面强度之间无法换算。

涂层耐磨性可用 SUM 型涂料耐磨试验仪测定。将树脂砂型试样表面涂刷涂料,经硬化后装在仪器上,如图 5-1 所示。开动机器并加上负载 4 后,金属丝刷 3 对涂层进行擦刷,用一定时间内刷下的涂料粉末质量表示耐磨性。涂层的耐磨性也说明了涂层的表面强度的大小。

JB/T 9226—2008 标准中规定,将稀释至使用状态时的涂层耐磨性能分为两级:一级为小于 0.50 g(64 r/min);二级为大于或等于 0.50~1.00 g(64 r/min)。

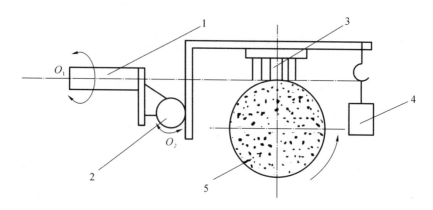

图 5-1　涂料表面耐磨试验仪原理图

1,2—可转小轴;3—金属丝刷;4—荷重砝码;5—试样

5.2.6　涂料发气性检测

发气性是指涂料在高温时析出气体的性质,用一定温度下每克涂料析出气体的体积(mL)表示。涂料的发气量过高易导致铸件表面出现气孔缺陷。不同铸造合金、不同工艺、不同铸件结构、不同位置对涂料发气量的耐受程度不同。如铜、不锈钢等对气体敏感性较强的合金,易因涂料析出气体而出现气孔,应严格限制涂料的发气量。而铸铁件对气体敏感性较低,对其可以适当放宽涂料发气量要求。但是对于不利于排气的铸件结构或位置,如发动机水套芯,涂料的发气量越低越好。对于不易产生气孔的铸件,适当增加涂料发气量可阻止金属液对涂料的润湿,有助于提高涂料的抗黏砂能力。另外,需要注意的是,这里所说的发气量是一种相对发气量,即单位质量的涂料的发气量。而生产实际当中决定铸件是否出现气孔缺陷的是涂料的绝对发气量。如果涂料的抗黏砂性能较高,涂层可适当减薄,这样有助于降低涂料的绝对发气量。涂料的发气性可用 SFL 型记录式发气性测定仪测定。

5.2.7　涂层高温曝热抗裂性检测

涂层烘干抗裂性和高温曝热抗裂性是指涂层在烘干和高温曝热条件下抵抗产生裂纹和剥落的能力,分Ⅰ～Ⅳ级,可采用箱式高温炉测定。基体试样采用实际使用的型(芯)砂,在 SAC 型制样机上舂制 $\phi50$ mm×50 mm 的抗压标准试样或具有 $R25$ mm 的半圆形顶部的 $\phi50$ mm×75 mm 圆柱形试样,按相应的工艺干燥或硬化,存放于干燥器里备用。试验时,先将待测涂料试样进行充分搅拌,涂刷在基体试样上或将基体试样放在待测涂料试样里浸渍 3 s,使涂层厚度达到 1.0～1.5 mm;然后,将涂好涂料的基体试样放入电烘箱中,在(150±5)℃温度下烘干 1 h,待其冷却后,先评定其烘干抗裂性,然后进行曝热试验。

对试样进行曝热试验时,先将高温炉加热至 1200 ℃,再将试样送入炉中,保温 2～5 min。然后,打开炉门,在高温下观察涂层是否产生裂纹及龟裂程度,并对涂层的曝热抗裂性能按Ⅰ～Ⅳ级进行评定。

涂料的曝热抗裂性能分为四级,每级的特征如下:

Ⅰ级:表面光滑无裂纹,或只有极微小的裂纹,涂层与基体试样之间无剥离现象。

Ⅱ级:表面有树枝状或网状细小裂纹,裂纹宽度小于 0.5 mm,涂层和基体试样之间无剥离现象。

Ⅲ级:表面有树枝状或网状裂纹,裂纹宽度小于 1 mm,裂纹较深,为沿横向(即水平圆周方向)或纵向的无贯通性粗裂纹,涂层和基体试样之间无明显剥离现象。

Ⅳ级:表面有树枝状或网状裂纹,裂纹宽度大于 1 mm,纵向或横向有贯通性裂纹,涂层和基体试样之间有剥离现象。

5.3　实验内容

(1) 分别使用称量法和波美计法检测涂料密度。

(2) 使用 SAC 型锤击式制样机检测涂料的表面强度。

(3) 使用高温炉检测涂层高温曝热抗裂性能等级。

5.4　实验材料与设备

(1) 涂料密度检测。

材料:待测涂料。

设备:高速搅拌器,波美计,天平(感量为 0.1 g),ϕ30 mm 刻度为 0～100 mL 的带磨口塞量筒,漏斗。

(2) 涂料黏度检测。

材料:待测涂料。

设备:涂-4 黏度计(见图 5-2),温度计,秒表,玻璃棒。

图 5-2　涂-4 黏度计

(3)涂料固含量检测。

材料:待测涂料。

设备:瓷坩埚,玻璃干燥器(内放变色硅胶),温度计,天平,鼓风恒温烘箱。

(4)涂料悬浮性检测。

材料:待测涂料。

设备:带塞量筒(直径约 30 mm,100 mL)。

(5)涂料表面强度检测。

材料:待测涂料。

设备:涂料耐磨试验仪,鼓风式干燥箱,天平,干燥器。

(6)涂料发气性检测。

材料:待测涂料。

设备:智能发气性测试仪。

(7)涂层高温曝热抗裂性检测。

材料:待测涂料,树脂砂。

设备:高温炉,$\phi 50$ mm×50 mm 圆柱形标准试样模具。

5.5　实验步骤

5.5.1　涂料密度检测

涂料密度的检测方法有两种:称量法和波美计法。

(1)称量法。

用高速搅拌器将涂料充分搅拌均匀,并在(20±3)℃的环境中放置 15 min。先称量干燥、洁净的量筒并记录量筒的质量 m_1(精确到 0.1 g),然后用玻璃棒轻轻地将涂料通过漏斗注入量筒中(应保证涂料均匀且无气泡存在),至涂料上表面与量筒的 100 mL 刻度平齐,再对已经加入涂料的量筒进行称量,其质量记为 m_2(精确到 0.1 g)。涂料密度按式(5-2)计算:

$$\rho = \frac{m_2 - m_1}{100} \tag{5-2}$$

式中:ρ——涂料密度,g/cm³;

　　m_2——装料后量筒的质量,g;

　　m_1——空量筒的质量,g。

(2)波美计法。

用高速搅拌器将涂料充分搅拌均匀,静置 1 min 后,将波美计轻轻插入涂料中,测得波美值,取出波美计,洗净、擦干;将波美计再次轻轻插入涂料中,接近原先测得波美值(偏差在 5~10 °Bé 内)处,松手,待波美计静止时读取数值;连续操作 3 次,记录 3 次波美度的平均值。

5.5.2　涂料黏度检测

将涂料充分搅拌并静置 5 min 后,用手指堵住流出式黏度杯的 ϕ6 mm 孔嘴,往已经调水平的黏度杯中注入稍许过量的涂料,用玻璃棒沿黏度杯上部边缘刮掉多余的涂料。移开堵在 ϕ6 mm 孔嘴下的手指,同时按下秒表,在涂料断流的瞬间停止秒表,此时所记录的流出时间即为黏度测定值(单位:s)。

5.5.3　涂料固含量检测

取样前应将容器中涂料充分搅拌均匀,且样品中不应有气泡存在;将电热烘箱温度设定为 150 ℃。用平底铝箔烘干皿称取涂料样品 5 g(精确到 0.000 2 g),放置于温度为

(150±2)℃的电热烘箱中,保温 2 h 后取出烘干皿并放置于干燥器中冷却到室温,称量。按上述操作,再保温 1 h,取出、冷却、称量,直至恒重(所谓恒重即两次连续称量操作的结果之差不大于 0.000 3 g)。

用质量分数表示的固含量 N 按式(5-3)计算:

$$N = [(m_1 - m_2)/m_0] \times 100\% \tag{5-3}$$

式中:N——涂料固含量,%;

m_0——试样的质量,g;

m_1——平底铝箔烘干皿及试样在烘干后的总质量,g;

m_2——平底铝箔烘干皿在烘干后的质量,g。

对同一试样平行测定 3 次,取算术平均值作为测定结果。若其中任何一次测量值与平均值的偏差超出 10%,则重新进行实验。

5.5.4 涂料悬浮性检测

先将涂料充分搅拌并静置 5 min 后取样,用玻璃棒轻轻地将涂料通过漏斗注入量筒中(量筒应保证清洁、干燥,涂料应保证均匀无气泡存在),涂料上表面与量筒的 100 mL 刻度平齐。将量筒静置于水平的台面上,分别按照时间要求记录上部的澄清层体积 V。

涂料悬浮性按式(5-4)计算:

$$M = (100 - V)\% \tag{5-4}$$

式中:M——涂料悬浮性,%;

V——量筒上部澄清液的体积。

5.5.5 涂料表面强度检测

(1)试样制备。

试样基体采用实际使用的型(芯)砂,在 SAC 型锤击式制样机上冲击 3 次,制成 $\phi50$ mm×50 mm 的试样,按型(芯)砂相应的工艺干燥或硬化。把制备好的涂料均匀地涂敷于基体试样上,涂层厚度为 1.0～1.5 mm,再把试样放进烘箱,在(150±5)℃下烘干、保温 1 h,冷却后放入干燥器中。

(2)实验步骤。

① 接通电源,将试样夹持在仪器的夹具上,并用软毛刷将试样外表面轻轻刷净,调整计数器使之达到 64 r 的数值,然后使其复位。

② 按下开关,试样开始转动,当计数器的数值达到设定值时,试样自动停止转动。

③ 称量铁刷磨下涂料的质量,精确到 0.01 g。

④ 对同一涂料的试样测定 3 次,取其结果的算术平均值,若其中任何一次测量值与平均值的偏差超出 10%,则重新进行实验。

5.5.6　涂料发气性检测

① 用测定固含量时所烘干的试样(应防止其吸湿),或按照测定固含量的方法对试样进行烘干,确保涂料中的溶剂完全蒸发。将烘干的试样置于干燥器中冷却至室温后碾碎成粉末。

② 预先将瓷舟经(1000±5)℃或(850±5)℃灼烧 30 min 后,取出放入干燥器中冷却至室温待用。

③ 先将发气量测定仪升温至(1000±5)℃(如果与用户的技术协议规定在 850 ℃的温度条件下测定发气量,则升温至(850±5)℃),称取试样(1±0.02) g,均匀置于瓷舟中,然后将瓷舟迅速送入石英管红热部位,并封闭管口,此时记录仪开始记录试样的发气量,在 3 min 内读取记录仪记录的最大数值作为试样的发气量值。

④ 对同一试样测定 3 次,取其算术平均值。若其中任何一次测量值与平均值的偏差超出 10%,则重新进行实验。

5.5.7　涂层高温曝热抗裂性检测

① 将混好的树脂砂在锤击式制样机上冲击 3 次,制成 $\phi50$ mm×50 mm 的试样或具有 $R25$ mm 半圆形顶部的 $\phi50$ mm×75 mm 圆柱形试样,按型(芯)砂相应的工艺干燥硬化。

② 将涂料调整到一定黏度,使涂料均匀地涂于或浸沾于圆柱形试样上,涂层厚度为0.5～1.0 mm。

③ 水基涂料的试样放入电热烘箱中,经(150±5)℃保温 1 h 烘干,有机溶剂涂料试样则通过点燃干燥;干燥后的试样自然冷却到室温待用。

④ 将烘干的试样放入已经加热至 1200 ℃的高温炉中,保温 2～3 min,在高温下观察涂层是否产生裂纹及龟裂程度,并对涂层的曝热抗裂性能按Ⅰ～Ⅳ级进行评定。

5.6　实验报告内容

5.6.1　涂料性能检测

根据实验安排,涂料的密度、黏度、固含量、悬浮性等 4 个性能同属于涂料的基本性能,可同时测出。根据这些数值进行分析,并写出实验报告。

(1) 记录测出的涂料黏度值。

(2) 分析所测涂料的使用性能。

5.6.2 涂料表面强度检测

(1) 记录测出的涂料表面强度值。

(2) 分析和判断该涂料耐磨性的好坏。

5.6.3 涂料发气性检测

(1) 记录测出的涂料发气性数值。

(2) 判断所测得的涂料发气性的大小。

(3) 分析该涂料对铸件气孔缺陷的影响。

5.6.4 涂层高温曝热抗裂性检测

(1) 记录测出的涂层高温曝热抗裂性能等级。

(2) 判断该涂料的涂层高温曝热抗裂性能等级优劣。

(3) 分析该涂料对铸件表面缺陷的影响。

思考题

(1) 铸造涂料的作用是什么?

(2) 优质铸造涂料必须具备哪些性能?

(3) 铸造涂料的黏度和涂料的流平性有什么关系?

(4) 为什么触变性能好的涂料的黏度不能用流出式黏度杯检测?用什么仪器较好?

(5) 涂层的高温曝热抗裂性能和铸件的什么缺陷相关?请说明理由。

第二部分　铸造工艺实验

铸造主要工艺过程包括金属熔炼、型(芯)制造、浇注凝固和脱模清理等。铸造工艺可分为砂型铸造工艺和特种铸造工艺。特种铸造工艺有离心铸造、低压铸造、差压铸造、压力铸造、石膏型铸造、熔模铸造、消失模铸造、挤压铸造、连续铸造等方式。目前砂型铸造仍然是一种主要的铸造方式,占整个铸件生产的70%～80%,这主要得益于砂型铸造的低成本,但其一直存在高污染、低效率的问题。

造型和制芯是铸造的关键技术环节,其质量一定程度上决定了铸件的质量。传统的型(芯)制造已有几千年历史,但随着当前对短流程制造的迫切需求,型(芯)制造也发生了变革。近年来提出了无模铸造技术,不再需要制造木(金属)模,而是将铸型(芯)直接进行打印成形。3D打印也称为增材制造或快速成形,是一种以数字模型文件为基础,将材料逐层沉积或黏合以构造成三维物体的技术。将该技术应用于型(芯)制造,显著缩短了造型(芯)的周期。3D打印将是铸造工艺,尤其是砂型铸造技术革新的趋势。

特种铸造是制造高质量复杂铸件的主要技术手段。近年来,特种铸造一直向自动化、绿色化、智能化、大型一体化发展。比如,近年来发展的一体压铸技术,陆续发展了6000吨级及以上级别的压铸机。以6000吨级压铸机为例,压铸机重达410吨,相当于一架大型飞机的重量,占地面积仅约100平方米,它可以将传统汽车生产所需冲压焊装的70余个零件,以及超过1000余次的焊接工序集中到一起,一次压铸即可得到成品。将一体压铸技术应用于新能源汽车,可大幅提升车身结构的稳定性,使车身更加轻量化,且可节省20%成本。

本部分实验针对常用铸造工艺,重点介绍砂型(芯)3D打印、砂型铸造和常用的特种铸造工艺(消失模铸造、熔模铸造、低压铸造、压力铸造、离心铸造),为大学生掌握基本的铸造工艺流程奠定基础。

6 砂型(芯)3D打印实验

6.1 实验目的

(1) 掌握砂型(芯)3D打印技术的常见类型、工作原理和主要特点。

(2) 了解3D打印系统的组成和各部分的功能。

(3) 掌握3D打印树脂砂砂型(芯)的实验过程和砂型(芯)质量控制方法。

6.2 实验原理

6.2.1 3D打印概述

3D打印也称为增材制造或快速成形,是一种以数字模型文件为基础,将材料逐层沉积或黏合以构造成三维物体的技术。相比传统成形方式,3D打印具有如下特点和优势。

(1) 数字制造:借助CAD等软件将产品结构数字化,驱动机器设备加工制造成器件;数字化文件还可借助网络进行传递,实现异地分散化制造的生产模式。

(2) 分层制造:先把三维结构的物体分解成二维层状结构,再逐层累加形成三维物品。因此,原理上3D打印技术可以制造出任何复杂的结构,而且制造过程更柔性化。

(3) 堆积制造:从下而上的堆积方式对于实现非均质材料、具有功能梯度器件的制造更有优势。

(4) 直接制造:任何零件均可通过"打印"方式一次性直接制造出来,不需要通过组装拼接等复杂过程来实现。

(5) 快速制造:3D打印制造工艺流程短、全自动、可实现现场制造,因此,制造更快速、更高效。

6.2.2　砂型(芯)3D打印的常用方法和原理

在传统的砂型铸造中,需首先制备模样和芯盒才能完成造型、制芯,在工艺验证与批量生产中,工艺过程复杂,且会造成资源浪费。而3D打印工艺可实现直接无模快速成形砂型(芯),大大提高了金属铸件的成形效率。针对砂型(芯)的3D打印,目前常用的方法有三维打印(3DP)、选择性激光烧结成形(SLS)、光固化立体成形(SLA)、分层挤出成形(LEF)等,简介如下。

1.三维打印

三维打印又称为微喷射黏结技术,是一种基于离散堆叠思想和微滴喷射技术的增材制造方法,其原理如图6-1所示。铺粉辊首先将一定量的成形粉末平整而又均匀地铺开在粉床表面;然后,特制的喷头在计算机的控制下,按照事先得到的截面轮廓信息,在铺好的粉面上,通过逐行扫描的方式,按需喷射出相配的黏结剂,使得特定区域的粉末黏结起来,从而完成一层截面的打印;随后,支撑粉床的活塞下降一层粉层的高度,铺粉辊再铺粉,喷头再喷射黏结剂;重复以上几个步骤直至所需制件的所有截面完成黏结和堆叠,最终得到所需制件。一般情况下,还需要将得到的制件进行焙烧和渗透处理,以提高强度和加工性能。完成打印和后处理等步骤后,便可得到所需的制件。

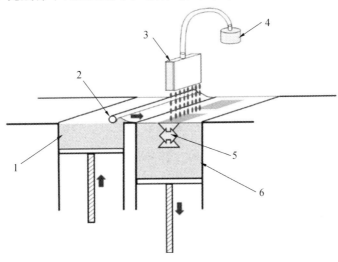

图 6-1　三维打印的原理示意图

1—送粉缸;2—铺粉辊;3—打印喷头;4—供给液体黏结剂;5—制件;6—工作缸

相较于其他 3D 打印技术,3DP 技术具有很多优点,主要如下所述:

(1)设备成本低、体积小。由于 3DP 技术不需要复杂的高能量(如激光、电子束)系统,因此设备造价大大降低,喷射结构高度集成化,整个设备系统简单,结构紧凑。

(2)材料类型选择广泛。3DP 技术成形材料可以是热塑性材料、光敏材料,也可以是陶瓷、金属、淀粉、石膏及其他各种复合材料,还可以是复杂的梯度材料。

(3)打印过程无污染。打印过程中不会产生大量的热量,也不会产生挥发性有机化合物(VOC),无毒无污染,属于环境友好型技术。

(4)成形速度快。3DP 技术采用阵列式喷嘴,喷头的宽度可以达到几十甚至几百毫米,成形速度比采用单个激光头逐点扫描要快得多。单个打印喷头的移动十分迅速,且成形之后的干燥硬化速度很快。

(5)运行维护费用低、可靠性高。打印喷头和设备维护简单,只需要简单地定期清理,每次使用的成形材料少,剩余材料可以继续重复使用,可靠性高,运行费用和维护费用低。

(6)高度柔性。3DP 技术的成形方式不受所打印模具的形状和结构的约束,理论上可打印任何形状的模型,可用于复杂构件的直接制造。

3DP 技术由于打印材料广泛、高效、低成本等优势在铸造用砂型(芯)的快速制造领域具有广阔的应用潜力。但是,3DP 技术也存在制件强度和制件精度不够高等不足之处。由于该技术采用分层打印黏结成形,制件强度较其他快速成形方式稍低,因此,一般需要加入一些后处理程序(如干燥、涂胶等)以提高制件强度,延长制件的使用寿命。

2.选择性激光烧结成形

选择性激光烧结是一项以激光作为热源使粉末材料受热熔融黏结的快速成形技术。选择性激光烧结成形的原理如图 6-2 所示。首先利用 CAD 软件,在计算机中建立要加工零件的三维立体模型,并用分层切片软件对转换成 STL 格式的 CAD 三维零件模型进行离散,获得一系列给定片层的轮廓数据信息。烧结时先在工作台上铺上一层粉末,然后采用激光束在计算机控制下对粉末进行有选择的烧结,被烧结处粉末表面黏结剂产生作用而将粉末黏结在一起,而未被烧结的粉末依然是松散的,被用来作为支撑。一层烧结完成后工作缸下降一定距离(跟切片厚度相关),再铺粉进行下一层扫描、烧结,并使新的一层和前一层黏结在一起,如此循环直至完成整个烧结成形。全部烧结完成后,去除未被烧结的多余粉末,便得到所需要的原型或零件。SLS 工艺的优点是可打印金属材料和多种热塑性塑料,打印时不需要支撑,打印的零件力学性能好、强度高;缺点是材料粉末比较松散,烧结后成形精度不高,且高功率的激光器价格昂贵。

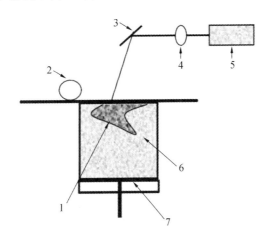

图 6-2　选择性激光烧结的原理示意图

1—成形制作;2—铺粉辊;3—扫描器;4—聚集镜;5—激光器;6—粉末;7—升降活塞

采用 SLS 技术成形树脂砂砂型(芯),当激光束对树脂砂粉层进行扫描烧结时,其表面获得的热量是由光能瞬间转换来的,且仅限于激光照射区;随后,热量通过热传导由高温区流向低温区,因此在表面与内层之间会形成一个温度梯度。砂层中不同位置的树脂砂由于受热温度不同,其固化程度也不同,将会形成三种状态的树脂砂区域,如图 6-3 所示。其中,a 区树脂砂达到其固化温度(200～300 ℃),此时,砂层上下表面受热温度都在树脂砂的固化温度范围内;b 区树脂砂能够达到其软化温度(160～200 ℃),此时,砂层上表面达到树脂砂固化温度,下表面达到其软化温度;c 区树脂砂的受热温度则在软化温度以下(小于 160 ℃),砂粒间不足以黏结在一起。

一般地,a 区为激光扫过的面积,其大小与激光光斑直径的大小相关;而 b 区面积与树脂砂的导热特性相关。由于不同区域受热温度的不同,树脂砂的受热黏结可分为固化黏结和软化黏结两种类型。在扫描的垂直面上,层与层之间的黏结因树脂砂受热黏结的特性不同可能产生以下几种情况:

(1) 砂层上表面的受热温度达到树脂砂的固化温度,砂层下表面的受热温度也达到了树脂砂的固化温度。此时,层与层之间的黏结为当前层的下表面对上一层的上表面的固化黏结。

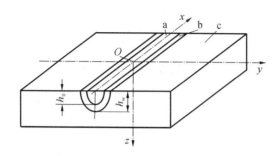

图 6-3　选择性激光烧结时粉层受热示意图

（2）砂层上表面的受热温度达到树脂砂的固化温度，砂层下表面的受热温度达到树脂砂的软化温度。此时，层与层之间的黏结为当前层的下表面对上一层的上表面的软化黏结。

（3）砂层上表面的受热温度达到树脂砂的软化温度，砂层下表面的受热温度也达到树脂砂的软化温度。此时层与层之间的黏结为当前层的下表面与上一层的上表面的相互软化黏结。

由于达到软化黏结时的温度要低于达到固化黏结时的温度，因此就烧结强度大小而言，其次序应为（1）＞（2）＞（3），而烧结后试样或制件的加热保温强度的大小次序则与之相反。

树脂砂导热性差和其最大的烧结温度应小于 300 ℃的特点，使得实际烧结中通常采用上述的（2）和（3）两种情况，前者可获得较高的烧结强度，后者可获得较高的后加热保温强度。第（1）种情况下的黏结模型与第（2）种情况相似，只是前者的受热黏结温度更高。

3．光固化立体成形

光固化立体成形技术是利用紫外激光逐层扫描液态的光敏聚合物（如丙烯酸树脂、环氧树脂等），实现液态材料的固化而逐渐堆积成形的技术。这种技术可以制作结构复杂的零件，零件精度以及材料的利用率高，缺点是能用于成形的材料种类少，工艺成本高。由于 SLA 技术的精度较高，目前主要将其与熔模铸造工艺相结合。采用 SLA 技术制备熔模铸造所需的树脂模、蜡模、陶瓷型壳（芯）等，可以极大缩短产品制备周期。但当利用 SLA 技术直接制备陶瓷型壳（芯）时，由于树脂含量较高（约 50％），高温烧结后陶瓷型壳（芯）收缩大、尺寸稳定性差，易产生开裂或变形，型壳（芯）精度较难控制。

4．分层挤出成形

分层挤出成形也称为浆料直接成形（DIW），其原理是：通过计算机辅助制造进行图形的预先设计,由计算机控制安装在 Z 轴上的浆料输送装置在 X-Y 平台上移动,形成所需要的图形;第一层成形完毕后,Z 轴上升到合适的高度,在第一层的基础上堆积成形第二层结构,通过反复的叠加增材制造,最终得到精细的三维立体结构。分层挤出成形技术在铸造领域的应用主要是制备陶瓷型壳(芯)。相比于其他的增材制造方法,分层挤出成形具有装备成本低、材料来源广、烧结收缩小、污染小等优点。但由于浆料挤出工艺的特殊性,浆料在驱动力作用下经喷嘴挤出后逐层堆积,成形的试样表面会呈现比较明显的层纹效应,从而导致成形试样的表面精度偏低。若能显著提高分层挤出成形陶瓷砂型(芯)的表面精度,实现多材料多头协同挤出成形,将使该工艺在铸造领域具有更广阔的发展前景。

6.2.3 3D 打印技术的典型应用

3D 打印技术在国内外的航空、航天、汽车、模具等行业的零部件中得到了广泛应用。3D 打印技术可实现铸型(芯)的整体制造,不仅简化了分离模块的过程,铸件的精度也得到了提高;3D 打印也可以直接制造各种复杂零部件,大大简化了零件的设计、生产流程,提高了生产效率。如图 6-4 所示为 SLS 技术成形的砂型(芯)及其铸件。

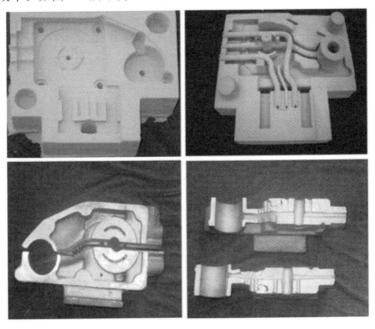

图 6-4 SLS 技术成形的砂型(芯)及其铸件

3D打印在生物医疗领域的应用主要包括打印人工骨骼、生物器官、口腔修复体等。针对每个患者不同的生理结构,3D打印技术可以快速、准确地打印出与患者匹配的个性化植入物与假体,从而减少隐患,为患者提供更好的康复效果,如图6-5所示。

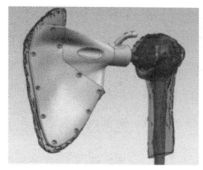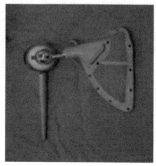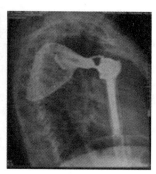

图 6-5　3D 打印的肩胛骨假体

6.3　实验内容

(1) 利用 UG 软件系统完成树脂砂砂型(芯)的三维造型,并导出 3D 打印所需格式 (STL)的中性文件。

(2) 根据铸件特征,选择适宜的型砂和黏结剂配方(树脂、催化剂、附加物)等。

(3) 在 3DP 成形系统中导入砂型(芯)的 CAD 模型,并选用合适的工艺参数,完成树脂砂砂型(芯)的 3D 打印。

6.4　实验材料与设备

6.4.1　实验材料

石英砂、酚醛树脂黏结剂、酒精等。

6.4.2　实验设备

(1) 安装了 UG 软件系统的计算机。

(2) 3DP 成形系统。3DP 成形系统(见图6-6)主要由喷射系统、材料供给系统、运动控制系统、计算机硬件与软件等部分组成。

① 喷射系统:由喷头、供墨装置等部件组成。3DP 设备的喷头分为连续式喷射和按需式喷射两种。喷头的喷孔数目、分辨率、喷射速度等性能直接决定着成形制件的尺寸大小和精度等级。

② 材料供给系统:包括成形腔、送粉缸/铺粉机构、液态树脂容器/输液机构等。材料供给系统的力学性能、多用途性、制作成本等直接关系到三维打印机在实际使用中能否正常高效工作。

③ 运动控制系统:运动控制系统应能保证 X、Y、Z 方向的精确定位。各轴向的运动机构主要由电机、导轨滑块、齿形带带轮、丝杠轴承等机构中的两种或多种组合而成,它们在控制系统生成的加工指令的驱动下,完成制件成形工艺要求的各种动作。

④ 计算机硬件与软件:读入零件的 STL 文件数据,根据成形工艺的要求进行数据处理与计算,生成层面实体位图数据和支撑位图数据;在成形加工过程中向控制系统传送数据和发送控制指令信息。

图 6-6　3DP 成形系统

(3) 烘干箱。对打印完成的砂型(芯)坯体进行烘干和固化处理。

6.5　实验步骤

(1) 利用 UG 设计砂型(芯)的 CAD 模型,并将模型导出为 STL 格式文件。

(2) 将砂型(芯)的 STL 三维实体模型导入 3DP 成形系统,利用系统自带的软件对砂型(芯)模型进行横截面切片(Z 方向)分割。

（3）根据造型材料性质对砂型(芯)的性能要求在控制软件中设置打印参数,其中打印参数包括打印速度、层厚、喷液量等。

（4）在打印机的粉末床中铺设一层造型材料粉末,启动 3DP 成形系统开始打印,反复进行铺粉-打印的过程,直至完成砂型(芯)的三维实体。

（5）将打印完成的坯体从粉末床中取出并放入烘干箱进行固化处理。

6.6　实验报告内容

（1）总结设计砂型(芯)CAD 模型及操作 3DP 成形系统打印树脂砂砂型(芯)的流程。

（2）对 3D 打印成形的树脂砂砂型(芯)进行质量评估,并分析影响打印件质量的因素。

（3）与传统造型和制芯方法对比,总结砂型(芯)3D 打印技术的优缺点和应用范围。

思考题

（1）简述砂型(芯)3D 打印的工艺原理和技术特点。

（2）简述砂型(芯)3D 打印的主要应用,并举 1～2 例实际应用案例。

（3）影响 3D 打印砂型(芯)质量的工艺因素有哪些?

（4）目前砂型(芯)3D 打印技术还存在哪些不足?

（5）如何提高 3D 打印砂型(芯)的表面精度?

7　砂型铸造实验

7.1　实验目的

（1）掌握砂型铸造的工艺流程，了解各流程的基本原理。

（2）掌握砂型和砂芯的制备方法，以及砂型铸造分型面的选取原则。

（3）了解绿色化、智能化砂型铸造的基本概念和发展趋势。

7.2　实验原理

7.2.1　基本概念

砂型铸造是指以石英砂为原砂、以黏结剂为黏结材料将原砂黏结成铸型，并通过重力浇注的方式成形铸件的铸造方法。砂型铸造与其他铸造方法相比，具有不受零件形状、大小、复杂程度及合金种类的限制，造型材料来源广泛，生产周期短，成本低，生产效率高，适用范围广等优点，因此在工业生产中得到了广泛应用。砂型铸造的原理示意图如图 7-1 所示。

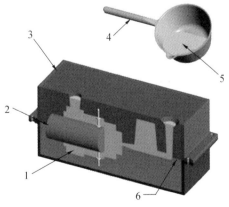

图 7-1　砂型铸造的原理示意图

1—铸件；2—砂芯；3—砂型；4—长柄勺；5—熔融金属；6—分型面

型(芯)砂指的是原砂＋黏结剂＋其他附加物所混制而成的混合物。造型(芯)过程中,型(芯)砂在外力作用下成形并达到一定的紧实度或密度从而成为砂型(芯)。砂型(芯)是一种具有一定强度的多孔隙结构,其中原砂是骨干材料,占到型(芯)砂总质量的82%～99%;黏结剂起到黏结砂粒的作用,以黏结薄膜形成包覆砂粒,使型(芯)砂具有必要的强度和韧性;附加物则是为了改善型(芯)砂的铸造性能。

7.2.2 基本工艺流程

砂型铸造的工艺过程主要包括造型(芯)、合型、浇注、铸件落砂和修整等环节,如图7-2所示。

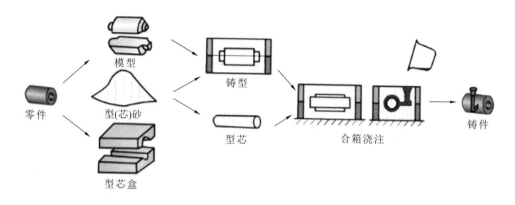

图 7-2 砂型铸造的典型工艺流程

(1)造型(芯)。砂型(芯)是将型(芯)砂装在型砂模具或型芯盒中制成的。型砂包裹在模型周围,通过加压等方式定型,随后将模型去除,形成铸型空腔;芯砂则被填充在型芯盒中并压紧形成砂芯。造型(芯)包括定位模型(型芯盒)、盛装型(芯)砂,以及去除模型(型芯盒)等步骤。造型(芯)时间受到零件尺寸、砂芯数以及砂型类型的影响,例如当砂型(芯)需要加热或烘烤时,造型(芯)时间将显著增加。除此之外,将润滑剂添加到砂型内腔的表面有利于移除铸件,同时润滑剂的使用也改善了金属液与型壁的冲刷条件,有利于金属液的流动与充型。

(2)合型。合型指的是将砂型和砂芯按照要求组合为铸型的过程,也是制备铸型的最后工序。若合型质量不高,则铸型形状、尺寸和表面质量得不到保证,甚至会因偏芯、错型、抬型跑火等原因而导致铸件报废。在合型完成之后,可以将熔融金属从熔炼炉中取出,最后以手动或自动的方式进行浇注。

（3）浇注。熔融金属一旦进入空腔就开始冷却并固化。必须浇注足够的熔融金属以填充铸型空腔和所有流道，当整个空腔被填充并且熔融金属凝固冷却后，将形成铸件的最终形状。在铸件冷却完成之前，铸型不能打开。可以基于铸件的壁厚和熔融金属的温度来估计所需的冷却时间。大多数可能的缺陷都是在凝固过程中形成的。

（4）铸件落砂。铸件冷却完成后，将铸件从砂箱中取出，通过人工或机械的方式去掉铸件表面及内腔中的型砂和芯砂。

（5）铸件修整。为了提高铸件的表面质量，还需要对铸件做进一步修整，如切除冒口、打磨毛刺、吹砂等。

砂型铸造常用于生产具有复杂几何形状的各种金属部件。这些部件的尺寸和重量差异很大，一些较小的铸件包括齿轮、滑轮、曲轴、连杆和螺旋桨等部件，中大型铸件包括大型设备和重型机器基座的外壳。砂型铸造在生产汽车部件，如发动机缸体、发动机气管、气缸盖和变速箱中也很常见，如图 7-3 所示。

(a) 发动机缸体　　　　　　　　　　(b) 变速箱外壳

图 7-3　砂型铸造铸件

7.2.3　砂型铸造的分类

砂型铸造中所用的砂型，按型砂所用的黏结剂及其建立强度的方式不同分为黏土湿砂型、黏土干砂型和化学硬化砂型三种。下面介绍几种典型的砂型铸造方法。

1. 黏土湿型

造好的砂型不经过烘干、直接浇入高温金属液的砂型称为湿型。湿型铸造的基本特点是砂型（芯）不需要烘干，不存在硬化过程。其主要的优点是：生产灵活性大，生产率高,生产周期短,便于组织流水线生产,易于实现生产过程的机械化和自动化;材料成本低;节省了烘干设备、燃料、电力及车间生产面积;延长了砂箱使用寿命等。其主要缺点是易使铸件产生一些铸造缺陷,如夹砂结疤、鼠尾、黏砂、气孔、砂眼、胀砂等。

2. 黏土(表)干型

造好的砂型在合箱和浇注前被整个送入窑中烘干的砂型称为黏土干型;黏土表干型只在浇注前对型腔表层用适当方法烘干一定深度(一般为 5～10 mm,大件为 20 mm 以上)。干型主要用于重型铸铁件和某些铸钢件,为了防止烘干时铸型开裂,一般在加入膨润土的同时还加入普通黏土。干型主要靠涂料保证铸件表面质量。其主要优点是型砂和砂型的质量比较容易控制,适用于某些中大型或厚壁铸件。其主要缺点是砂型生产周期长,需要专门的烘干设备,铸件尺寸精度较差,能耗大。

3. 水玻璃砂型

铸造生产中使用的无机黏结剂主要是钠水玻璃。钠水玻璃砂型的主要优点是:型(芯)砂流动性好,易于紧实,造型(芯)劳动强度较低;硬化快,强度高,可以简化造型(芯)的工艺,缩短生产周期,提高劳动生产率;可在砂型(芯)硬化后起模,砂型(芯)尺寸精度高;可以取消或缩短烘烤时间,降低能耗,改善工作环境和工作条件。主要缺点是砂型(芯)溃散性差,砂型(芯)表面易粉化,铸件易产生黏砂,砂型(芯)抗吸湿性差以及旧砂再生和回收利用困难。

4. 树脂砂型

铸造生产中使用的有机黏结剂主要是树脂黏结剂。树脂砂型的主要优点是可以成形结构更加复杂的铸件,砂型(芯)强度较高,生产环境更加干净整洁。主要缺点是型(芯)砂回收困难,铸造成本高。

7.3　实验内容

(1) 将原砂、黏结剂、附加物按照一定的比例混制造型所需的黏土湿型砂。

(2) 利用齿轮模型和型芯盒进行造型和制芯,并按照铸件要求合型。

(3) 采用电阻炉熔炼工业纯铝并精炼、除气、撇渣,进行浇注。

7.4　实验材料与设备

7.4.1　实验材料

工业纯铝、原砂、膨润土、煤粉、水。

7.4.2　实验设备

混砂机、熔炼炉、烘干箱、砂箱、芯盒、电阻炉、振动台、切割机等。

7.5　实验步骤

（1）混砂：使用混砂机混制型砂和芯砂。湿型砂配比：原砂按照 100 份单位质量计，则黏土（膨润土）取 3%，煤粉取 8%，水取 6%，原则是先混制干料，再加入湿料。

（2）造型：①按照铸件的特征制备齿轮模样；②在底板上放置下砂箱，并将齿轮模样放置在下砂箱的正中位置；③向下砂箱充填型砂，随后夯实并刮平型砂；④在表面上扎出排气孔，随后将砂箱翻转并将上砂箱正对着放置在下砂箱之上；⑤在上砂箱中放置浇道和冒口，并向上砂箱中充填型砂；⑥在上砂箱表面扎出排气孔并取出浇道和冒口；⑦搬离上砂箱并取出齿轮模样，最后将上砂箱正对放置在下砂箱之上。

（3）制芯：将齿轮型芯盒合上并固定，向其中充填芯砂，并夯实、刮平芯砂，随后在表面扎出排气孔，最后将砂型和砂芯按照齿轮的结构特征组合起来。

（4）熔炼：①将工业纯铝锭在 350 ℃预热 2 h，以去除表面附着水分；②压勺、搅拌勺等用于清除残余金属及氧化污染物的辅助工具，经预热后涂刷防护涂料并烘干；③在坩埚中加入工业纯铝锭，撒上覆盖剂，将炉温升高至 740 ℃后保温；④降温到 720 ℃后，通入氩气进行精炼，并合理搅拌，然后静置 5～10 min 再用扒渣勺清除表面浮渣。

（5）浇注：将电阻炉中的熔融金属液沿着浇道注入造好的砂型空腔中。浇注金属液需要注意浇注的速度，让金属液注满整个型腔。

（6）清理：浇注完成后待金属凝固，去掉齿轮铸件上的型砂和芯砂，最后借助切割机切除浇冒口，并打磨毛刺。

7.6　实验报告内容

（1）总结黏土湿型砂造型和制芯的工艺过程和工艺参数。

（2）总结黏土湿砂型齿轮铸件的主要工艺流程和优缺点。

（3）观察齿轮铸件存在的铸造缺陷，分析缺陷的形成原因和改进方法。

思考题

（1）黏土湿型砂配比中膨润土添加量过多或者过少有什么危害？

（2）如何设计砂型铸造分型面？

（3）造型过程中扎孔的目的是什么？

（4）型砂紧实度、透气率是如何影响铸件成形质量的？

（5）金属液浇注速度对铸件成形质量有什么影响？

8 消失模铸造实验

8.1 实验目的

(1) 掌握消失模铸造的工艺原理和工艺流程,掌握消失模铸造工艺中泡沫模的制造流程和涂料的配制过程。

(2) 了解消失模铸造工艺中易出现的问题和解决方法,掌握消失模铸造工艺方案确定和浇注系统设计的原则。

(3) 掌握消失模铸造工艺的实际操作流程,加深对消失模铸造工艺的理解,提高对消失模铸件内部质量与缺陷的分析能力。

8.2 实验原理

8.2.1 消失模铸造原理

消失模铸造,简称 EPC,又可称为气化模铸造或实型铸造。这种铸造方法将传统的木模及其他的普通模样改成泡沫塑料模样,属于一种实体、紧实造型。采用该铸造方法,不用将模样取出,而是直接在模样上浇入熔化好的金属液,在高温金属液的作用下,泡沫塑料模样被加热气化,最终燃烧而消失,金属液则取代原来泡沫塑料模样在砂箱中占据的空间位置,金属液凝固后,即可获得所需要的铸件。消失模铸造工艺示意图如图 8-1所示。

消失模铸造是一种加工余量很小并且可以使毛坯精确成形的铸造工艺方法,不需要将模样从模腔中取出,而且在铸造毛坯上看不到分型面;铸造过程中一般不使用砂芯,所以在铸造好的毛坯上也看不到飞边、毛刺以及拔模斜度等铸造缺陷,可以减少由于型芯组合以及分箱组合而造成的尺寸误差等问题。制作好的铸件毛坯的表面粗糙度可以达到 $Ra=3.2\sim12.5~\mu m$ 的光洁度;铸件毛坯的尺寸精度可以达到 CT7~9 级精度;机械加工余量一般情况下可减小到 1.5～2 mm,可大大减少后期机械加工的费用,与传统的砂型铸造相比,可以减少 40%～50% 的机械加工工作量。该技术由美国的 H. F. Shroyer 于 1958 年发明,后经德国、日本以及意大利等国技术人员的不断完善,尤其在 1980 年以后,消失模铸造技术在全世界范围内得到了迅速的发展。

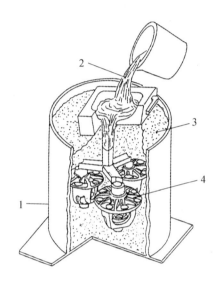

图 8-1 消失模铸造工艺示意图

1—砂箱;2—金属液;3—干燥砂;4—发泡聚苯乙烯

8.2.2 消失模铸造的基本工艺

人们习惯上把消失模铸造工艺的过程分为白区、黄区和黑区三部分。白区指的是白色泡沫塑料模样的制作过程,从预发泡、发泡成形到模样的黏结(包括模样的分体和浇注系统)。黄区指的是上涂料及再烘干,而黑区指的是将模样放入砂箱、填砂、金属熔炼、浇注、旧砂再生处理,直到铸件落砂、清理、退火等工序。消失模铸造的基本工艺流程如图 8-2 所示。

1. 制造泡沫模

消失模模样的制造方法有很多,通常分为加工成形和发泡成形两大类。发泡成形更为常用,其是把熟化后的聚苯乙烯(EPS)珠粒填充到发泡模具中,通入蒸汽或热空气,在几秒到几十分钟时间内使珠粒受热软化膨胀;由于受模壁的限制,膨胀的珠粒相互黏结在一起,并填满整个型腔形成一个整体,经过冷却定型后,将该整体从发泡模具中取出即

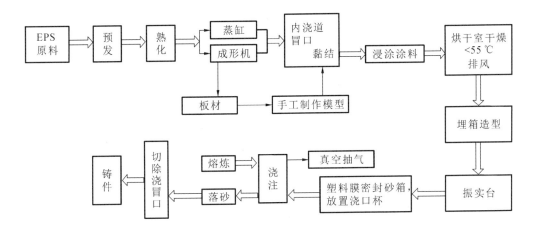

图 8-2 消失模铸造的基本工艺流程

成为塑料模。这种方法主要用于制造大批量生产的中小模样。

（1）热水发泡成形。将填满预发泡珠粒的母模放入热水中停留一段时间,借助热水的热量使珠粒膨胀熔结而制成模样。与其他方法相比,热水发泡成形法最简单,不需要昂贵复杂的设备。

（2）压机气室成形。将预发泡珠粒填满带有气室的发泡模具,该模具分别安装在附有机械合模装置的压机的上下或左右压板上,其中一块压板是可动的,而另一块则是固定的;过热蒸汽经气室通过模具上的气孔进入模具内,使珠粒发泡;之后经同样的通道通入冷却水使模具和泡沫塑料模冷却定型,即可制得所需的泡沫塑料模样。此法的基本原理是:使蒸汽通过珠粒间的间隙,将其中的空气和冷凝水全部赶出,使珠粒间充满蒸汽,蒸汽以极快的速度渗入泡孔中。所以成形时泡孔内的压力是成形温度下的饱和蒸汽压力和发泡剂的蒸汽压力,再加上空气的膨胀力的总和。这三种力之和远远大于珠粒外面的压力。因此,当珠粒受热软化就膨胀,填满了珠粒间的空隙,并相互熔结成蜂窝状的结构。

压机成形法的基本流程是:闭模→预热模具→加料→定、动模通蒸汽→合模→发泡成形→冷却→脱模。下面简要介绍流程要点。

① 闭模。当使用大珠粒料时,往往在分型面处留有小于预发泡珠粒半径的缝隙,这样加料时压缩空气可同时从通气孔和缝隙排出,有利于珠粒快速填满模腔;而在通蒸汽加热时,珠粒间的空气和冷凝水又可同时从气孔和缝隙排出模腔。但是当采用消失模铸造模样专用料时,因珠粒粒径小,一般闭模时不会留有缝隙,珠粒间的空气和冷凝水只能

从气孔中排出模腔。

② 预热模具。为了减少成形发泡时蒸汽的冷凝，缩短成形时间，在加料前应先将蒸汽通入气室使模具预热。

③ 加料。打开上下（或左右）气室的出气口，用压缩空气加料器通过模具的加料口把预发泡珠粒吹入模腔内；此时空气经模具分型面处的缝隙、通气孔和气室的出气口排出；待预发泡珠粒填满整个模腔后，即用加料塞子塞住加料口。

④ 定模通蒸汽。蒸汽进入定模气室，经模具壁上的气孔进入型腔内，将珠粒间的空气和冷凝水迅速从动模气孔中排出。

⑤ 动模通蒸汽。蒸汽进入动模气室，经气孔进入型腔再次将珠粒间的空气和冷凝水由模壁上的气孔排出。

⑥ 定、动模通蒸汽。定、动模气室同时通蒸汽并在设定压力下保持数秒钟，珠粒受热软化再次膨胀，充满型腔珠粒间全部间隙并相互黏结成一个整体。

⑦ 合模。通蒸汽成形发泡后，随即把模具完全闭合；此时膨胀发泡的珠粒使模具内压力上升，待达到要求值时保持一定时间（十几秒至一分钟左右），以便使模具中的泡沫珠粒相互黏合成致密蜂窝状结构。

⑧ 发泡成形。将蒸汽通入气室，并经模具壁上的通气孔进入模腔，同时把珠粒间的空气和冷凝水从缝隙和通气孔排出模腔，聚苯乙烯珠粒则在热作用下软化，发泡膨胀。

⑨ 水冷却。关掉蒸汽，同时将冷却水通入定、动模气室，冷却定型模样和冷却模具至脱模温度，一般在 80 ℃ 以下。

⑩ 真空冷却。放掉冷却水，开启真空使模样进一步冷却，减少模样中的水分含量。

⑪ 开模与脱模：开启压机上的模具，同时用压缩空气或机械顶杆装置把模样顶出。

2. 模样的熟化处理

模样从模具中取出时含有质量分数为 6%～8% 的水分，前期的水分和发泡剂的蒸发以及后期的应力松弛，都会导致模样出型后发生尺寸变化。预发泡珠粒的密度和存放期、制模时的蒸汽压力、冷却时是否采用真空、模样的结构特点、填充射料是否均匀、成形发泡蒸汽是否均匀等都会对模样的收缩量产生影响。在实际生产中，为了缩短模样熟化处理的时间，常将模样置入 50～70 ℃ 的烘干室干燥 5～6 h，以达到在室温下自然熟化 2 天的效果。

3.模样的干燥与稳定化

由于模样在成形加工过程中要与水蒸气和水接触,所以刚加工的模样含有很多水分。影响模样含水量的因素很多,但主要是发泡成形方法、加热蒸汽压力、通蒸汽时间及冷却时间等。正常情况下,刚脱模后的模样含水量为 1%～10%。为了保证消失模铸件质量,模样或模片在组装和上涂料前一定要进行干燥,使模样中水分含量降到 1% 以下。另外,模样在干燥过程中残留的发泡剂也要从泡孔内向外扩散、逃逸。随着模样在干燥和存放过程中水分和发泡剂含量的减少,模样的尺寸也要发生变化。对于聚苯乙烯模样,刚脱模后的一小时,模样膨胀 0.2%～0.4%,2 天内模样收缩量为 0.4%～0.6%(相对于模具型腔尺寸),存放 15～20 天时收缩量可达 0.8%,实际收缩量取决于泡沫模样内残留的发泡剂和含水量。

4.涂料的配制过程

使用涂料是确保获得表面光洁的模样和铸件的主要措施之一。正确选用涂料是十分重要的。为了满足前述的要求,涂料常需要做下列几项试验:

① 黏度:用 BH 型黏度计测定,一般选用涂料 4 号杯(容积 100 mL,孔径 $\phi4$ mm)。

② 涂料的附着量:将发泡成形的泡沫塑料试样($\phi60$ mm×43 mm)放入测定过黏度的涂料中浸渍 2 次,然后放置 24 h 测定其重量。

③ 涂料的厚度:把浸渍过的、放置 24 h 后的泡沫塑料试样上的部分涂层剥离下来,用游标卡尺测量其厚度。

④ 附着性:将有涂料层的试样放置 24 h 后,用摇振式筛机(10 号筛孔)振动 3 min,测定涂料的剥离和损耗量。

⑤ 涂挂性:观察浸渍时涂料在泡沫塑料试样表面的塌落现象。

⑥ 沉降性:将涂料置入 200 mL 容器内,经一定时间测定其固体部分的沉降速度。

⑦ 干燥龟裂:观察 24 h 后泡沫塑料试样表面涂层的龟裂情况。

(1) 水基涂料的配制。

先将耐火材料、膨润土、无水碳酸钠等干料加入混砂机,干混 10 min 左右,再加入黏结剂溶液和少许水,湿混 20～30 min,湿料出碾后倒入桶里,加入适量水后进行搅拌。搅拌中加入聚醋酸乙烯乳液等添加剂。生产实践证明,搅拌器的转速和搅拌时间会影响涂料的涂挂性和沉淀情况。搅拌器转速高,搅拌时间长,涂料混合均匀,不易沉淀,涂挂效果也好。从工艺角度考虑,要求搅拌器的转速大于 1380 r/min,搅拌时间超过 1 h。

采用球磨机配制涂料,由于有球磨作用,能使涂料充分混合,达到胶质状态,涂挂的效果更好。其配制工艺是:将耐火材料、活化膨润土和少许水配成膏状涂料(水分占粉料质量的 25%～30%)一起加入球磨机,然后加适量水搅拌成涂料,球磨 7～8 h,再加入配好的黏结剂和聚醋酸乙烯乳液继续球磨 1 h,最后将涂料倒入或用压缩空气压入涂料桶充分搅拌(以后操作相同),并视涂料透气性情况加入添加剂。

如果采用钙基膨润土,可加入碳酸钠(占膨润土量的 5%)使其转化成钠基膨润土,即进行活化处理。对于高分子黏结剂,在使用前须预先配制成溶液。如羧甲基纤维素钠(CMC)预先配制成 1∶40 的水溶液;聚乙烯醇缩丁醛(PVB)或酚醛树脂等预先配制成一定比例的乙醇溶液。用球磨机或碾压机配制涂料,因耐火材料颗粒能被破碎,可选用较粗的粒度;而用搅拌机配制涂料则没有粉碎作用,因此应选用较细粒度的耐火材料。采用球磨机或碾压机配制水基涂料时,较粗的耐火材料被粉碎,形成了新生表面,因而具有较大活性,载体在耐火材料颗粒表面均匀分布,故有较好的稳定性、触变性和高的强度等特性。

(2) 快干涂料的配制。

以聚乙烯醇缩丁醛或酚醛树脂等作为黏结剂的快干涂料应预先配制成一定比例的乙醇溶液,然后将耐火材料以及各种添加剂一并加入并充分搅拌。因以酒精为溶剂,为了防止酒精挥发后涂料风干,配制好的涂料应保存在密封的容器中,使用后随时密封起来。

8.2.3　消失模铸造的应用

消失模铸造技术以铸件的尺寸精度高、表面光洁、少污染等突出优点,较之传统的铸造工艺,具有强大的竞争力。其应用范围非常广,尤其适用于对分解产物不敏感的铸件生产,如铸铁件。在汽车行业中,消失模铸造在发动机的缸体、缸盖、箱体、电机壳、进气歧管等复杂零件的生产中已获得了广泛应用。如图 8-3 所示为典型的缸体、电机壳消失模铸造零件。总体来看,消失模铸造工艺较适合形状较复杂的箱体、壳体、管状零件。

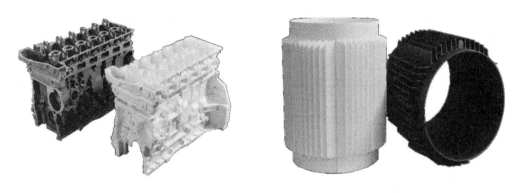

图 8-3 消失模铸造的缸体和电机壳铸件及其泡沫模样

8.3 实验内容

（1）泡沫模的制备方法，包括设计零件图和生成模样图，EPS珠粒的预发泡和熟化处理工艺，模样的组装和检验。

（2）涂料配制和涂挂方法，根据铸件特征选择所需涂料，配制相应的涂料，并选择合适的涂挂方式进行涂挂。

（3）消失模铸造的浇注和铸件清理，泡沫模样组合装配后在砂箱中进行造型和浇注，确定浇注条件，完成铸件浇注、落砂、清理、退火等工序。

8.4 实验材料与设备

8.4.1 实验材料

制作泡沫模材料：聚苯乙烯泡沫塑料。

涂料的原材料：白刚玉粉（质量分数：$Al_2O_3 \geqslant 98\%$，氧化铁 $\leqslant 0.15\%$，硫酸盐 $\leqslant 0.5\%$，$Na_2O \leqslant 0.6\%$，$SiO_2 \leqslant 0.25\%$；灼烧损失 $\leqslant 2\%$）、膨润土、酒精。

合金材料：ZL104。

8.4.2 实验设备

制模设备（见表 8-1），涂料制备设备（见表 8-2）。

消失模铸造采用石英砂或铁丸作造型材料,要使之在负压下紧固成形、顺利进行浇注,必须使用特制的可抽真空的砂箱。

表 8-1 制模设备

工序	相应设备
预发泡	预发泡机
熟化	输送风机及管道、熟化框
模具成形	模具、成形机(或蒸缸)、料枪
模型干燥	干燥箱
黏结组合	黏结机

表 8-2 涂料制备设备

工序		相应设备
涂料膏制备	混制	高速搅拌机
	碾压	涂料混制碾
	球磨	球磨滚筒
涂料浓度调整		涂料搅拌箱
涂覆	刷涂	手工
	浸涂	涂料箱
	淹涂	涂覆机
	喷涂	喷枪
干燥		电干燥室
		暖气干燥室

8.5 实验步骤

(1)铸件工艺分析。可根据实验条件,选择复杂程度适当的铸件。参照铸件结构特点和消失模铸造工艺特点,将产品泡沫模样进行分片处理,并对每一模片进行结构工艺设计,以利于发泡成形。

（2）工艺设计及参数。铝合金铸件的线收缩率为 1.4%,模片 EPS 的线收缩率为 0.4%,拔模斜度不大于 0.5°,内浇道设在模片上。

（3）珠粒选择、预发泡与熟化。可发性聚苯乙烯珠粒直径为 0.30～0.40 mm,表观密度为 550～670 kg/m³,发泡倍率大于 50 倍。采用间歇式蒸汽预发泡机,预发泡时间仅 20～45 s。

（4）成形发泡过程,包括模具预热、充料、蒸汽加热、冷却、脱模 5 个步骤。使用模具时要将模具预热到 70 ℃左右,并用压缩空气将模具表面的水分吹干净。将填好料的模具放置在蒸缸中央,盖好缸盖,打开上下蒸汽阀门,通入 0.2 MPa 左右的蒸汽,蒸汽通过透气塞进入珠粒间隙,将珠粒加热而使其膨胀融合。为了防止模样在脱模后继续膨胀,需要喷水将模样温度降至泡沫的软化点以下,使模样进入玻璃态,硬化定形,这样才能获得与模具内腔形状尺寸一致的模样。冷却时采用喷水冷却,将模具温度冷却到 70 ℃左右。若实验条件有限,可采用高温电丝切割或机械加工来得到所需形状。

（5）泡沫模样的组装。黏结模样时,由于热胶固化时间短,来不及完全黏好就会凝固,所以采用冷胶黏合。采用聚醋酸乙烯,固化时间为 10 min 左右,黏结厚度约 0.2 mm。

（6）造型与振实。造型砂采用 40～50 目消失模铸造砂,砂箱尺寸为 800 mm× 800 mm×1000 mm,加砂方式为雨淋式加砂,振实采用三维振实台。

（7）铝合金熔炼。选择电阻式坩埚炉,坩埚为铁质,内壁刷耐火涂料,直接当作浇包使用。炉料为 ZL104 合金铝锭,除气采用六氯乙烷,变质剂为钠盐。

（8）浇注。浇注温度为 815 ℃,此时泡沫模样以液态产物排出为主,排出速度慢,为了保证不断流,同时保证稳定的静压头,宜采用较大的浇口杯。

（9）铸件清理。打箱,除去铸件的内外型砂,拆除芯骨,割去浇冒口,凿掉铸件表面的飞边、毛刺和打磨不平整部分,以及修补铸件的缺陷等。

8.6　实验报告内容

（1）记录泡沫模样熟化处理过程中的尺寸收缩变化数据,记录消失模铸造过程的工艺流程和主要工艺参数。

（2）分析塑料模发泡成形中产生的缺陷,阐述这些缺陷对铸件的影响。

（3）分析耐火涂料的密度和润湿性对消失模铸件的影响以及改进方法。

思考题

（1）聚苯乙烯珠粒内渗透发泡剂的渗透机理是什么？

（2）影响泡沫塑料模加工表面质量的因素有哪些？

（3）泡沫塑料模的黏结剂应满足什么要求？

（4）消失模铸造中涂料的作用是什么？

（5）消失模铸造中涂料涂挂如何进行智能化升级？

9 熔模铸造实验

9.1 实验目的

(1) 掌握熔模铸造的基本原理、优缺点和典型应用。

(2) 掌握熔模铸造的工艺特点、工艺流程及设计方法。

(3) 掌握熔模铸造的制壳工艺方法、型壳性能要求及影响因素。

9.2 实验原理

9.2.1 基本概念

熔模铸造是在可熔(溶)性模(一般用蜡模)的表面重复浸涂数层耐火浆料,经过逐层撒砂、干燥和硬化后,用蒸汽或热水等加热方法将其中的熔模去除而制成整体型壳,再进行高温焙烧、浇注而获得铸件的一种铸造方法。应用该工艺获得的铸件都是经多种工序、多种材料、多种技术共同协作的结果。用这种方法所得到的铸件尺寸精确、棱角清晰、表面光滑、接近于零件的最终形状,因此熔模铸造是一种近终形铸造工艺方法,又称为精密铸造或失蜡铸造。

9.2.2 熔模铸造的工艺特点

熔模铸造工艺具有以下优点。

(1) 铸件的尺寸精度高,表面粗糙度小。熔模铸造因采用尺寸精确、表面光滑的可熔(溶)性模而获得了无分型面的整体型壳,且避免了砂型铸造中的起模、下芯、合型等工序带来的尺寸误差。熔模铸件的棱角清晰,尺寸精度可达到CT4～6级,表面粗糙度 Ra 值可达 $0.8 \sim 1.25\ \mu m$。所以,熔模铸造所生产的铸件接近于最终零件,可以减少铸件的加工工作量,并节省金属材料。

（2）适用于铸造结构形状复杂、尺寸精密的铸件。熔模铸造可铸造出结构形状复杂、尺寸精密,并难以用其他方法生产加工的铸件,如各类涡轮、叶轮、空心叶片、叶盘、机匣等,也可以铸造壁厚为 0.5 mm,铸孔直径最小为 1 mm 的铸件,质量小至 1 g,大至1000 kg,外形尺寸可达 2000 mm 以上,还可以将原来由许多零件组合的部件进行整体铸造。

（3）合金材料不受限制。各种合金材料,例如碳钢、合金钢、不锈钢、高温合金、铜合金、铝合金、镁合金、钛合金和贵金属等,均可以应用于熔模铸造生产铸件,特别是对于难以切削加工的合金,更适合于熔模铸造工艺。

（4）大、小批量生产均适用。由于普遍采用金属压型来制造熔模,故适用于大批量生产。但若应用价格低廉的石膏压型、易熔合金压型或硅橡胶压型（常用于艺术品及首饰铸造）来制模,则也可以用于小批量生产或试生产。

熔模铸造工艺具有以下局限性。

（1）熔模铸造过程复杂、工序多,影响铸件质量的工艺因素多,因此必须严格控制原材料及工艺操作,才能稳定生产。

（2）最适合用于生产中、小铸件,能铸出最大孔径为 3～5 mm,最大通孔径为 5～10 mm,最大不通孔径为 5 mm;最小铸出槽宽≥2.5 mm,最小铸出槽深≤5 mm。

（3）熔模铸造工艺过程较复杂,生产周期较长。

（4）铸件的冷却速度较慢,容易引起晶粒粗大,碳钢件还容易产生表面脱碳层。

9.2.3　熔模铸造的工艺流程

熔模铸造的工艺流程主要包括工艺设计、蜡模（组）制作、制壳、脱模、浇注、清理等环节,其工艺流程如图 9-1 所示。

熔模铸造实验的典型工艺流程具体如下。

（1）工艺设计。

根据给定零件图,按照熔模铸造的特点,设计零件的铸造工艺。

（2）压型设计及制造。

根据铸造工艺要求,选定压型材质,设计及加工成型部分、定位机构、起模机构及浇注系统等。

（3）熔模制作。

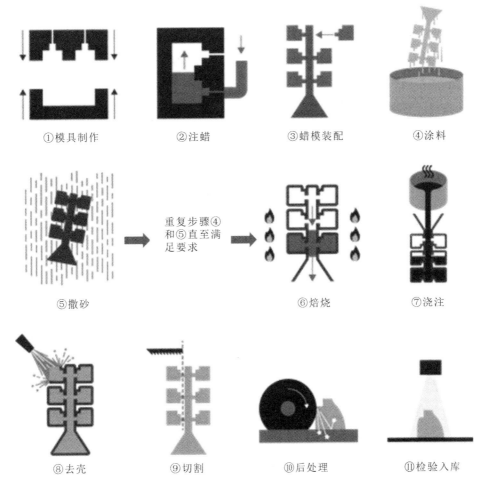

①模具制作　　②注蜡　　③蜡模装配　　④涂料

⑤撒砂　　→　重复步骤④和⑤直至满足要求　→　⑥焙烧　　⑦浇注

⑧去壳　　⑨切割　　⑩后处理　　⑪检验入库

图 9-1　熔模铸造的工艺流程

　　熔模是用来形成耐火型壳中空腔的模型,要获得尺寸精度和表面光洁度高的铸件,首先熔模本身应该具有高的尺寸精度和表面光洁度,其性能还应尽可能使随后的制壳等工序简单易行。为得到上述高质量要求的熔模,除了应有好的压型(压制熔模的模具)外,还必须选择合适的制模材料(简称模料)和合理的制模工艺。

　　生产中大多采用把糊状模料压入压型的方法制造熔模。压制熔模之前,须先在压型表面涂一薄层分型剂,以便从压型中取出熔模。压制蜡基模料时,分型剂可为机油、松节油等;压制树脂基模料时,常用麻油和酒精的混合液或硅油作分型剂。分型剂层越薄越好,以使熔模能更好地复制压型的表面,提高熔模的表面光洁度。压制熔模的方法有三种:柱塞加压法、气压法和活塞加压法。

（4）熔模组合。

熔模的组合是把形成铸件的熔模和形成浇冒口系统的熔模组合在一起，还可以组合多个熔模实现一型多模。组合熔模主要有焊接法和机械组装法两种方法。焊接法是用薄片状的烙铁将熔模的连接部位熔化，使熔模焊在一起。该方法较为普遍。在大量生产小型熔模铸件时，可采用机械组装法来组合模组，采用此方法可使模组组合的效率大大提高，工作条件也可得到改善。

（5）模组脱脂。

将蜡模模组浸入脱脂液中去除其表面的油脂类分型剂，以增加蜡模的涂挂性。

（6）型壳制造。

熔模铸造的铸型可分为实体型和多层型壳两种。将蜡模模组浸涂耐火涂料后，撒上粒状耐火材料，再经干燥、硬化，如此反复多次，使耐火涂挂层达到需要的厚度为止，这样便在模组上形成了多层型壳。将具有多层型壳的模组停放一段时间，使其充分硬化，然后熔失模组，便得到多层型壳。多层型壳有的需要装箱填砂，有的则不需要，经过焙烧后就可直接进行浇注。在熔失熔模时，型壳会受到体积增大的熔融模料的压力；在焙烧和浇注时，型壳各部分会产生相互牵制而又不均的膨胀和收缩，金属还可能与型壳材料发生高温化学反应。因此，对型壳有一定的性能要求，如低的膨胀率和收缩率，高的机械强度、抗热震性、耐火度和高温下的化学稳定性；型壳还应有一定的透气性，以便浇注时型壳内的气体能顺利外逸。这些都与制造型壳时所采用的耐火材料、黏结剂以及工艺有关。

制造型壳用的材料可分为两种类型，一种用来直接形成型壳，如耐火材料和黏结剂等；另一种是为了获得优质的型壳、简化操作和改善工艺用的材料，如熔剂、硬化剂、表面活性剂等。熔模铸造中所用的耐火材料主要为石英、刚玉以及硅酸铝耐火材料，如耐火黏土、铝矾土和焦宝石等，有时也用锆英石和镁砂（MgO）等。在熔模铸造中用得最普遍的黏结剂是硅酸胶体溶液（简称硅酸溶胶），如硅酸乙酯水解液、水玻璃和硅溶胶等。组成它们的物质主要为硅酸（H_2SiO_3）和溶剂，有时也有稳定剂，如硅溶胶中的 NaOH。硅酸乙酯水解液是硅酸乙酯经水解后所得的硅酸溶胶，它是熔模铸造中用得最早、最普遍的黏结剂。水玻璃型壳易变形、开裂，用它浇注的铸件尺寸精度和表面光洁度都较差，但当生产精度要求较低的碳素钢铸件和熔点较低的有色合金铸件时，水玻璃仍被广泛应用于生产。硅溶胶的稳定性好，可长期存放，制壳时不需要专门的硬化剂，但硅溶胶对熔模的润湿稍差。型壳硬化过程是一个干燥过程，需要的时间较长。

（7）熔失熔模。

将已制成的可熔性蜡模放入蒸汽或热水槽等加热容器中，使蜡模全部熔化，进而得到中空的型壳，即获得浇注用型腔。

（8）型壳焙烧。

将型壳放入加热炉中进行高温焙烧，以烧去型壳中的残余蜡料、各种挥发物、有机物及水分，以增加型壳的透气性，提高型壳及铸件的表面质量。

（9）液态金属浇注。

将高温金属液浇注到已经焙烧充分的型壳中，获得精密铸件。

（10）脱壳与清理。

通过手工或震动脱壳和清砂，切割铸件浇冒口，再经其他的清理和后处理工序，最后进行检验和入库等后续工序。

9.2.4 熔模铸造的典型应用

熔模铸造特别适合用于制造结构复杂、尺寸精确以及表面光洁的薄壁铸件和整体铸件，这些精密铸件已广泛应用于航空、航天、机械制造以及石油化工等行业。以航空航天发动机为例，使用的熔模铸件已有近百种、上千个零件。如图 9-2 所示的是利用熔模铸造制造的高温合金涡轮叶片和涡轮壳体铸件。

(a) 涡轮叶片　　　　　　　　　(b) 涡轮壳体

图 9-2　熔模铸造应用举例

9.3　实验内容

（1）熔模制造工艺，包括蜡基模料的选择、分型剂使用方法、熔模压制工艺、熔模组合和熔模脱脂。

（2）型壳制备工艺，包括耐火材料和黏结剂选择、涂料配制、涂挂和撒砂、熔失模组和型壳焙烧工艺。

（3）浇注与清理，采用合理的熔炼工艺熔化铝合金并浇注到型壳中，清理铸件。

9.4 实验材料与设备

9.4.1 实验材料

ZL101 铝合金、石蜡、硬脂酸、石英粉、石英砂、水玻璃、氯化铵等。

9.4.2 实验设备

金属压型、压蜡机、脱蜡机、砂箱、焙烧炉、熔炼炉等。

9.5 实验步骤

（1）熔模制造。将液态模料浇入金属压型，固化后将蜡模取出。液态模料采用 50% 石蜡＋50% 硬脂酸，化蜡温度为 90 ℃，浇注温度为 45～48 ℃。压制时在型腔表面涂上薄层的分型剂（机油或松节油），以防止黏模，便于取出熔模。

（2）模组的除油和脱脂。将模组表面用中性肥皂水或表面活性剂洗涤数次以去除油污，最后用水清洗干净。

（3）涂挂涂料和撒砂。涂料为水玻璃和石英粉按照 1∶1 均匀混合而成，涂挂涂料前，先把涂料搅拌均匀，尽可能减少涂料桶中耐火材料的沉淀。涂挂涂料时，把模组浸泡在涂料中，左右上下晃动，使涂料能很好润湿熔模，均匀覆盖模组表面。涂料涂好后进行撒砂。

（4）型壳干燥和硬化。每涂覆好一层型壳以后，对其进行干燥和硬化。自然干燥使水玻璃型壳脱水，待该层型壳硬化后重复涂挂涂料和撒砂步骤，该过程重复进行 6～8 次，最后在氯化铵水溶液中使水玻璃型壳化学硬化。

（5）熔失熔模。型壳完全硬化后，采用热水法从型壳中熔去模组，热水（加入 1% 的盐酸)温度为 95～98 ℃,避免沸腾,脱蜡时间控制在 15～20 min,不超过 30 min 为宜。脱蜡后,内腔用热水(加入 0.5％的盐酸)冲洗,脱蜡后型壳可倒放。

(6) 焙烧型壳。将型壳放入焙烧炉中缓慢升温至焙烧温度,焙烧温度为 850 ℃,保温 0.5～2 h,去除型壳中的水分、残留模料等,进一步提高型壳的强度和透气性。

(7) 合金浇注。将 ZL101 铝合金预制锭熔化,浇注前采用氩气精炼。型壳预热温度为 100～300 ℃,浇注温度为 720 ℃,浇注时间小于 10 s。

(8) 脱壳与清理。去除型壳并切除铸件的浇冒口,经过切割和打磨等清理工作得到铸件。

9.6　实验报告内容

(1) 记录熔模铸造过程的实验材料和设备、实验过程、工艺参数等信息。

(2) 分析耐火材料、黏结剂、附加物、制壳工艺参数与型壳性能的关系。

(3) 分析型壳性能和浇注工艺(浇注温度、型壳预热温度等参数)对铸件质量的影响机理。

思考题

(1) 熔模铸造的主要缺点有哪些？ 如何克服？

(2) 如何简化熔模铸造的工艺从而缩短工艺流程？

(3) 分型剂的作用以及对模料的适用性是什么？

(4) 熔模铸造的型壳能否回收利用？

(5) 是否有其他的更加高效的熔模制造方法？

10　低压铸造实验

10.1　实验目的

（1）掌握低压铸造的基本原理、优缺点和典型应用。

（2）掌握低压铸造的工艺特点、工艺流程及操作方法。

（3）掌握低压铸造的工艺参数对铸件质量的影响机理。

10.2　实验原理

10.2.1　基本概念

低压铸造是金属液在压力的作用下，由下而上充型然后凝固以获得铸件的一种铸造方法。在密闭坩埚的金属液面上施加 $0.0098\sim0.049$ MPa 的气压（干燥的空气或惰性气体），使金属液沿放置在金属液中的管道（升液管）上升并流入坩埚上方的铸型中，待金属液从铸型上部至浇口完全凝固时便停止加压；升液管内的金属液流回坩埚后打开铸型即可取出铸件。由于施加在液面上的压力很低，故称为低压铸造。低压铸造工艺原理示意图如图 10-1 所示。

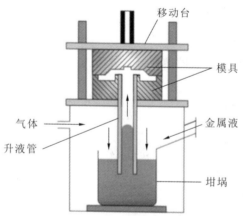

图 10-1　低压铸造工艺原理示意图

10.2.2 低压铸造的工艺特点

低压铸造工艺具有以下优点。

(1) 金属液充型平稳,充型速度可控,能有效避免金属液的湍流、冲击和飞溅,减少卷气和氧化,提高铸件质量。

(2) 金属液的流动性好,有利于薄壁件形成轮廓清晰、表面光洁的铸件。

(3) 液体在压力下凝固,补缩效果好,铸件组织致密,力学性能高。

(4) 低压铸造浇注系统简单,一般无须设置冒口,因此工艺出品率高。如汽车发动机铝合金缸盖,采用低压铸造成形,工艺出品率达 85% 以上,而采用重力金属型出品率仅有 50% 左右。

低压铸造工艺的局限性是生产效率低,由于充型及凝固过程比较慢,因此低压铸造的单件生产周期比较长,一般在 6~10 min/件。

10.2.3 低压铸造的工艺规范

正确地制定低压铸造工艺是获得合格铸件的先决条件,根据低压铸造时铸件充型(自下而上)和凝固成形(自上而下)过程的基本特点,在制定工艺时,主要是确定压力的大小、加压速度、浇注温度以及采用金属型铸造时铸型的温度和涂料的使用等。

1. 铸件形成过程各个阶段的压力和增压速度的确定

低压铸造时,铸型的充填过程是靠坩埚中金属液表面上气体压力的作用来实现的。所需气体的压力可用下式确定:

$$p = \mu \rho g H \tag{10-1}$$

式中:p——金属液充满型腔所需的压力,Pa;

H——金属液上升的高度,m;

ρ——金属液的密度,g/cm^3;

g——重力加速度,m/s^2;

μ——阻力因数,一般取 1.0~1.5。

根据铸件形成过程,低压铸造可分为升液、充型和凝固(结晶)三个阶段,其所需的压力及增压速度也不同,以图 10-2 为例,现分别讨论如下。

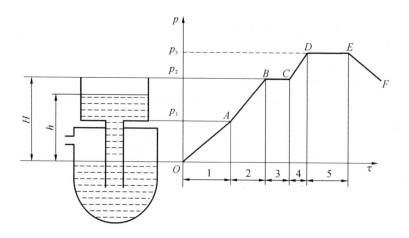

图 10-2 低压铸造成形过程各个阶段示意图

（1）升液阶段。

升液阶段是指自加压开始至液体金属上升到浇口为止的阶段。在升液阶段所需的压力可参照式（10-1）写为：

$$p = p_1 = \mu \rho g H_1 \tag{10-2}$$

式中：p_1——升液阶段所需的压力，Pa；

    H_1——升液高度，m。

在升液过程中，升液高度 H_1 将随着坩埚中金属液面的下降而增加。因此，所需的压力 p_1 将相应地增大。

在升液阶段，升液压力不是立即达到给定值，而是逐渐建立起来的。随着压力增大，升液管中液面升高。因此，增压速度实际上反映了升液速度。增压速度可用下式计算：

$$v_1 = p_1 / \tau_1 \tag{10-3}$$

式中：v_1——升液阶段的增压速度，Pa·s^{-1}；

    τ_1——升液时间，s，对应图 10-2 中的 OA 段。

为防止金属液自浇口进入型腔而产生喷溅或涡流现象，升液速度一般不超过 $0.15\ \text{m·s}^{-1}$。

（2）充型阶段。

充型阶段是自金属液由浇口进入型腔起至充满型腔为止的阶段，这一阶段所需的压力为：

$$p_2 = \mu \rho g H_2 \tag{10-4}$$

式中：p_2——充型阶段所需的压力，Pa；

　　　H_2——坩埚中金属液面至型腔顶部的高度，m。

所需的充型压力随着坩埚中金属液面的下降而增大。增压速度反映了相应的充型速度，可用下式计算：

$$v_2 = \frac{p_2 - p_1}{\tau_2} \tag{10-5}$$

式中：v_2——充型阶段的增压速度，$Pa \cdot s^{-1}$；

　　　τ_2——充型时间，s，对应图 10-2 中的 AB 段。

充型速度关系到金属液在型腔中的流动状态和温度分布，因而影响铸件的质量。充型速度慢，液体金属充填平稳，有利于型腔中气体的排出，铸件各处的温差增大。采用砂型和浇注厚壁铸件时可用慢的充型速度，控制在 $0.06 \sim 0.07$ $m \cdot s^{-1}$，增压速度为 $1 \sim 3$ $kPa \cdot s^{-1}$。充型速度太慢，对于形状复杂的薄壁铸件，尤其是采用金属型时，容易产生冷隔、浇不足等缺陷。

（3）凝固阶段。

凝固阶段是自金属液充满铸型至凝固完毕的阶段。铸件在压力作用下凝固。这时的压力称为凝固（结晶）压力，一般应高于充型压力。因此，凝固阶段也有一个增压过程。凝固压力可用下式计算：

$$p_3 = p_2 + \Delta p \tag{10-6}$$

或

$$p_3 = K p_2 \tag{10-7}$$

式中：p_3——凝固压力，Pa；

　　　Δp——增压压力，Pa；

　　　K——增压系数，一般取 $1.3 \sim 2.0$。

凝固压力大则补增效果好，有利于获得组织致密的铸件。但增压压力有一定限制，例如采用砂型时，增压压力不仅影响铸件的表面粗糙度和精度，还会造成黏砂、胀砂甚至跑火等缺陷，所以增压压力应根据具体情况而定。采用湿砂型时，增压压力一般为 $3.92 \sim 6.86$ kPa，干砂型则可高些；用金属型浇注厚大的铸件时，取 $19.6 \sim 29.4$ kPa。为了使压力能够起到应有的补缩作用，还应根据铸件的壁厚及铸型的种类合理地确定增压速度（时间）和保压时间。

增压速度可用下式计算：

$$v_3 = \frac{p_3 - p_2}{\tau_3} \qquad (10\text{-}8)$$

式中：v_3——建立凝固压力的增压速度，Pa·s^{-1}；

τ_3——增压（建压）时间，s，对应图 10-2 中的 CD 段。

采用金属型铸造取 10 kPa·s^{-1} 左右，采用干砂型浇注厚壁铸件取 5 kPa·s^{-1}。

保压时间（τ_4，对应图 10-2 中的 DE 段）是自增压结束至铸件完全凝固所需的时间。因为液体金属的充填、成形过程都是在压力作用下完成的，所以保压时间的长短不仅影响铸件的补缩效果，而且还关系到铸件的成形。保压时间与铸件的结构特点、铸型的种类和合金的浇注温度等有关，通常通过试验来确定。

2.浇注温度、铸型温度及涂料的使用

低压铸造时，因液体金属的充填条件得到改善，且保温好并直接自密封坩埚进入铸型，故浇注温度一般比重力浇注低 10～20 ℃。当采用非金属铸型时，若无特殊要求，一般都为室温。采用金属型铸造铝合金铸件时，铸型的工作温度一般为 200～250 ℃；铸造复杂的薄壁铸件，可提高到 300～350 ℃。

涂料的使用，不论金属型或砂型，均与重力浇注相同。此外，保温坩埚也应喷涂涂料。升液管因长期沉浸在液体金属中，容易受到侵蚀。合金过热温度越高，沉浸时间越长，升液管损坏越快，且会使铝合金熔液中含铁量增加，降低铸件的力学性能，所以在升液管内外表面应涂刷一层较厚（一般为 1～3 mm）的涂料。喷刷时先预热至 200 ℃ 左右。

10.2.4　低压铸造的工艺流程

（1）设备准备。

检查铸造机油路、油缸及冷却系统有无漏油，温控、液压系统工作是否正常；检查低压铸造机供气压力、供水压力以及压缩空气的露点是否正常；升液管装配前提前预热，随后密封紧固。

（2）工具准备。

涂料按比例配制好，使用前要充分搅拌，涂料配比后若放置超过 8 h 则禁止使用；检查烤模器通风是否均匀，否则应修理或更换；涂料喷枪须先检查有无泄漏，有泄漏的喷枪严禁使用；检查专用检验器具是否损坏；钢丝刷、烤枪、取件夹、过滤片等工具须准备齐全。

（3）文件准备。

工艺规程、低压铸造工艺卡片须准备好。

（4）模具准备。

调整模具及限位，要求无错模、限位到位；检验模具开合运行是否自如，顶杆顶出、复位是否正常；检查试压过滤片是否合适；模具安装前用烤模器烘烤预热。

（5）金属液准备。

以铝液准备为例，铝液熔炼后测量其成分、氢含量合格后注入低压铸造机保温炉（坩埚），使铝液温度在 685～710 ℃范围内。保温炉加铝液前、后必须扒渣，加完铝液前，保温炉内铝液的浮渣、炉壁挂渣、升液管和热电偶保护套侧面的渣要清干净，加完铝液后用漏铲将铝液表面的浮渣轻扒至炉门口，再将渣扒到铝渣槽内，严禁上下翻动铝液来扒渣。

（6）铸造操作。

根据工艺卡片要求调整参数；调机合格后进行正常生产时，每个铸件须放过滤片，过滤片须放平，不得放歪；铸造过程中随时检查模具涂料情况，涂料严重脱落或表面严重粗糙不平，应及时下机处理模具。

（7）开模取件。

待铸件成形冷却后开模，先用顶杆顶出工件，再用机械手或使用夹具将工件夹出。

10.2.5　低压铸造的典型应用

低压铸造与重力铸造及高压铸造相比，具有金属液的利用率高、铸件内部质量好、铸造品质一致性好、生产率高、可实现自动化操作和降低劳动强度等优点。因此低压铸造工艺在大批量生产的汽车工业中应用不断增加。尤其是优质安全结构件（轮毂、行驶部件等）、发动机结构件（缸体、缸头等）以及结构复杂、高强度、高铸造难度的薄壁铸件（压缩机外壳），低压铸造法特别受欢迎。图 10-3 所示为低压铸造的典型产品。

(a) 汽车轮毂　　　　　　　　(b) 铝合金缸盖

图 10-3　低压铸造的典型产品

10.3 实验内容

（1）铝合金低压铸造工艺参数的制定，包括压力大小、增压速度（时间）、浇注温度、模具预热温度。

（2）利用熔炼炉熔炼铝合金，并对金属模具进行清理、喷涂和预热，按制定的工艺参数和规程在低压铸造机中完成铝合金的低压铸造。

（3）分析工艺参数对铸件质量的影响机理。

10.4 实验材料与设备

10.4.1 实验材料

ZL104 铝合金、精炼剂、测温仪、扒渣勺、涂料、夹具、砂纸、过滤片。

10.4.2 实验设备

低压铸造机、金属型模具、熔炼炉、烘箱、涂料喷枪、天然气枪。

10.5 实验步骤

（1）工艺曲线制定和设备检查。制定具体的工艺参数，如升液阶段压力 $p_1 = 0.02$ MPa，充型阶段压力 $p_2 = 0.0206$ MPa，凝固阶段压力 $p_3 = 0.18$ MPa，升液时间 $\tau_1 = 8$ s，充型时间 $\tau_2 = 8$ s，增压时间 $\tau_3 = 4$ s，保压时间 $\tau_4 = 480$ s；对设备进行检查，检查油路、油缸及冷却系统有无漏油，温控、液压系统工作是否正常，检查低压铸造机供气压力、供水压力以及压缩空气的露点。

（2）模具表面清理。将模具的顶杆复位，模具上应无油污脏物，如果有油污，应先进炉烘烤，烘烤温度为 400～500 ℃，时间为 3 h。喷砂后，表面要求无残余涂料、油污、脏物，用压缩空气将模具上的金刚砂吹干净。模具的分型面和各个配合面上黏着的铝，要用铲子铲干净，不得有残留。在清理过程中，要精心操作，不得铲伤型腔面、分型面、配合面。

（3）模具表面涂料喷涂。将准备好的模具在烤模器上进行加热，在 350～400 ℃保温

3 h 以上,然后再进行喷涂操作。通常情况下,涂层的厚度为 0.07～0.2 mm。喷涂时一定要平稳,成雾状,并不断地移动,不能喷一喷、停一停。

(4) 保温炉(坩埚)预热及清理。加入铝液前,低压铸造机保温炉(坩埚)应缓慢升温烘烤至 680～750 ℃。保温炉在加入铝液以前,必须进行清理,把炉膛中的残渣清理干净,不得有杂物、氧化渣和熔渣。开机前要检查保温炉的密封情况,不得漏气。检查完毕后向保温炉内注入铝液。

(5) 升液管预热及装配。升液管在使用前,必须用天然气枪加热到 200～300 ℃方可放入低压铸造机保温炉内。必须先在升液管法兰盘下面垫好石棉垫圈,再小心地将升液管放入保温炉内,以防铝液溅出伤人。

(6) 模具预热及安装。模具喷好涂料以后再进行组装,浇注前还需在烤模器上进行预热,预热温度为 300 ℃左右。装配密封盖,扒去升液管合金液表面熔渣后,使用夹具移动模具至铸造机进行安装,模具固定紧后,检查上下模与侧模间距是否小于或等于 0.3 mm。按顺序连接冷却管,试通水通风,至全部情况良好。

(7) 铸造及取件。按设定的工艺参数向坩埚内通气,使金属液沿升液管缓慢上升,充填型腔,金属液在铸型中凝固结晶成形,保压后排气使剩余金属液回流。铸件成形冷却后,开模,用顶杆顶出铸件后,使用夹具取出铸件。

10.6 实验报告内容

(1) 总结低压铸造过程的实验材料和设备、实验过程、工艺参数等信息。

(2) 分析低压铸造工艺参数与铸件性能的关系。

(3) 分析缺陷产生的原因以及防治措施。

思考题

(1) 低压铸造的不足有哪些?可以结合哪些工艺来改善?

(2) 低压铸造除金属型模具外还有哪些模具适用?它们各自的特点是什么?

(3) 结合低压铸造的特点,为保证铸件质量,应控制哪些工艺参数?

(4) 低压铸造的铸件常出现氧化夹渣,请分析其来源并提出防治措施。

(5) 在实际生产中,对低压铸造设备有哪些要求?

11　压力铸造实验

11.1　实验目的

(1) 掌握压力铸造的基本原理、优缺点和工艺流程。

(2) 了解压力铸造中压铸模的设计以及压铸工艺参数的确定。

(3) 掌握压力铸造中压铸机的类型及结构,压铸机的选用标准。

11.2　实验原理

11.2.1　压力铸造技术的原理及类型

压力铸造简称压铸,它是将熔融的液态金属注入压铸机的压室,通过压射冲头的运动,使液态金属在高压作用下,高速通过模具浇注系统填充型腔,在压力下结晶并迅速凝固形成压铸件的工艺过程。压铸压力一般为几兆帕至几十兆帕,填充初始速度为 $0.5\sim70\text{ m/s}$,填充时间很短,一般为 $0.01\sim0.03\text{ s}$。高压和高速是压铸工艺的重要特征,也使压铸过程、压铸件的结构及性能和压铸模的设计具有自己的特点。压铸过程示意图如图11-1所示。

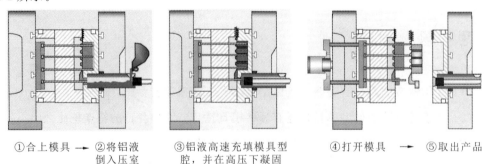

①合上模具 ➡ ②将铝液倒入压室　③铝液高速充填模具型腔,并在高压下凝固　④打开模具 ➡ ⑤取出产品

图 11-1　压铸过程示意图

根据压铸机不同,压铸可分为热室压铸和冷室压铸两大类型。热室压铸的压室浸在保温坩埚的液态金属中,压射部件安装在坩埚上面。冷室压铸的压室与保温炉是分开的,压铸时从保温炉中取出液态金属浇入压室后进行压铸。冷室压铸按压力传递方向不同又可分为立式和卧式。

根据压铸材料不同,压铸可分为金属、合金及复合材料的压铸。目前主要使用的压铸材料是合金。压铸合金可分为有色金属合金及黑色金属合金。有色金属合金包括锌合金、铝合金、铜合金及镁合金等。黑色金属合金包括灰铸铁、可锻铸铁、球墨铸铁、碳钢、不锈钢和各种合金钢。由于黑色金属的熔点较高,压铸模具的寿命往往较短,因此目前的压铸合金材料主要是有色金属。近几年来,金属基复合材料已成为压铸材料。在压铸机型腔中放置增强体预制型后,通过压力使液态金属渗入预制型中的孔隙中,从而制得金属基复合材料。目前通过压铸方法生产的复合材料有锌基复合材料、铜基复合材料、镁基复合材料及铝基复合材料等。

根据压铸时合金处于液态还是固态,压铸可以分为全液态压铸及半固态压铸。半固态压铸属于半固态铸造的一部分。金属成形工艺按成形对象的形态可分为两种:一种是完全的液态成形,即常规的铸造工艺;另外一种是完全固态的金属成形,即锻压或挤压。半固态铸造是介于二者之间的加工方法,是指在金属或合金凝固中,施以强烈的搅拌使初生固相碎化,形成流变浆料即固相与液相共存的状态,然后铸造成形的一种材料加工方法。半固态压铸指半固态铸造成形通过压力铸造完成的方法。

11.2.2 压力铸造的特点

由于压铸工艺是在极短时间内将压铸型腔填充完毕,且在高压、高速下成形,因此压铸法与其他成形方法相比有其自身的特点。

1. 压铸的优点

(1)压铸件的尺寸精度较高,可达 IT11～IT13 级,最高可达 IT9 级,表面粗糙度 Ra 值可达 $0.8～3.2\ \mu m$,甚至可达 $0.4\ \mu m$,互换性好。

(2)可以制造形状复杂、轮廓清晰、薄壁深腔的金属零件。压铸锌合金时最小壁厚达 $0.3\ mm$,铝合金可达 $0.5\ mm$,最小铸出孔径为 $0.7\ mm$。压铸还可以铸出清晰的文字和图案。

（3）压铸件组织致密，具有较高的强度和硬度。因为液态金属是在压力下凝固的，且填充时间很短，冷却较快，所以组织致密，晶粒细化，使铸件具有较高的强度和硬度，同时具有良好的耐磨性和耐蚀性。

（4）材料利用率高。压铸件的精度较高，只需经过少量机械加工即可装配使用，有的压铸件可直接装配使用，其材料利用率为 60%～80%，毛坯利用率达 90%。

（5）可以实现自动化生产。压铸工艺大都可采用机械化和自动化操作，生产周期短，效率高，适合大批量生产。一般冷室压铸机平均每小时可压铸 80～100 次，而热室压铸机平均每小时可压铸 400～1000 次。

2．压铸的缺点

（1）由于冷却快速，型腔中气体来不及排出，因此压铸件中常有气孔及氧化夹杂物存在，降低了压铸件质量。常规压铸件不能进行热处理。

（2）压铸机和压铸模费用高昂，不适合小批量生产。

（3）模具的寿命短。高熔点合金压铸时，模具的寿命较短，影响了压铸生产的扩大应用。但随着新型模具材料的不断涌现，模具的寿命也有很大的提高。

（4）压铸件尺寸受到限制。因受到压铸机锁模力及装模尺寸的限制，不能压铸大型铸件。

（5）压铸合金种类受到限制。压铸模具受到使用温度的限制，目前主要用来压铸锌合金、铝合金、镁合金及铜合金。

11.2.3 压力铸造的工艺关键

1．压铸模

在压铸生产中，压铸模是最重要的工艺装备。压铸生产能否顺利进行，压铸件质量有无保障，与压铸模结构的合理性和先进性有关。设计时还必须对铸件结构的工艺性进行分析，了解压铸机的工作特性和技术规格，并考虑加工制造条件和经济效果等。

1）压铸件设计

压铸件设计是压铸生产中十分重要的工作环节，压铸件设计的合理程度和工艺适应性影响到分型面的选择、浇注系统的设置、顶出结构的布置、收缩规律、精度的保证、缺陷的部位以及生产效率等。压铸件结构工艺的特定要求如下：

（1）消除内部侧凹,便于抽芯,消除深陷,使铸件易脱模。

（2）改进壁厚,消除缩孔、气孔。

（3）改善结构,消除不易压出的侧凹、尖角或棱角,便于抽芯,简化压铸模制造以及避免型芯交叉等。

（4）利用加强助,防止铸件变形。

2）压铸模的组成

压铸模由以下部分组成:

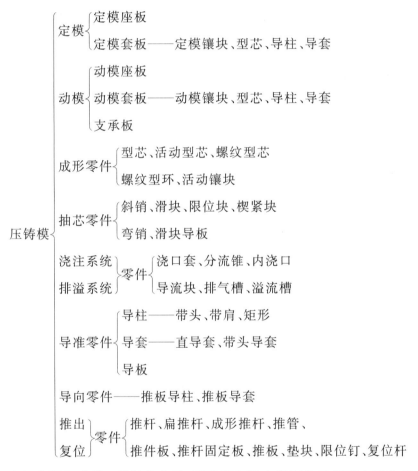

（1）定模和动模。从结构上看,压铸模主要由定模和动模两大部分组成。定模固定在压铸机的定模安装板上,并与机器压室连接。动模安装在压铸机的动模移动板上,并随动模移动板的移动而与定模合拢或分开。压铸模的动模和定模的接合面称为分型面。分型面通常分布在动模和定模的成形零件的接合面上,所以,分型面主要由铸件的具体结构确定。而因分型所造成的在铸件上的痕迹,即为铸件(外表面)的分型线。

（2）成形零件。模具内形成铸件形状的零件称为成形零件,是决定铸件几何形状和尺寸精度的部位。成形零件主要指镶块和型芯。形成铸件外表面的称为型腔,形成铸件内表面的称为型芯。成形零件的结构形式分为整体式和镶拼式。

（3）模架部分。模架是将压铸模各部分按一定规律和位置加以组合和固定后,使压铸模能安装在压铸机上的构架。

（4）浇注系统和排溢系统。浇注系统是沟通压铸模型腔和压铸机压室的部分,即金属液进入型腔的通道;排溢系统用于排除压室、浇道和型腔中的气体以及前流冷金属和涂料燃烧的残渣,一般包括排气道和溢流槽。浇注系统和排溢系统是压铸生产中极为重要的组成部分。在压铸生产中,它们对模具投产前的试模次数、压铸件的质量、压铸操作的效率、模具的寿命、压铸件的清理、压铸合金的重熔率、压铸机能力的利用效率等许多方面有重要的影响。浇注系统和排溢系统是引导金属液以一定的方式填充型腔的通道,对金属液的流动方向、排气条件、模具的热状态、压力的传递、填充时间的长短以及金属液通过内浇道处的速度等各个方面起着重要的控制作用和调节作用。

（5）顶出机构。顶出机构是顶动铸件使其从压铸模的成形零件上脱出的机构。

（6）导向零件。导向零件是引导模具内各滑动(或移动、对插)部分的零件。

（7）其他。除前述各部分外,压铸模还有抽芯机构、安全装置、冷却系统、加热系统以及螺钉、销钉等紧固零件。

3）压铸模的设计原则

（1）能合理地选择压铸机。设计压铸模时,必须熟悉压铸机的特性和技术规格,通过必要的设计计算,选用合适的压铸机。

（2）满足铸件的基本要求。压铸模必须能够生产出符合几何形状、尺寸精度、力学性能和表面质量等技术要求的铸件。

（3）具有良好的使用效果。采用合理的模具结构,符合压铸生产的工艺要求,选择适宜的模具材料;配合适当的制造质量,使压铸模具有安全可靠、操作方便、使用寿命较长和生产效率较高等特点。

（4）具有合理的经济性。合理地提出模具的技术条件,根据零件的热处理方法及硬度、公差配合、尺寸精度和表面粗糙度等,尽可能考虑到有利于标准化、系列化和通用化的实施。

2.压铸工艺参数

压铸过程主要包括压入、熔融合金液流动和冷却凝固。压铸压力和压铸速度是压铸过程的主要工艺参数。此外,还有浇注温度及压铸模温度、涂料性能以及持压时间和开模时间等。

1）压铸压力

压铸压力一般用压射力和压射比压表示。压射力由压铸机的规格决定。它是压铸机的压射机构推动压射冲头的力,即

$$p_r = p_G \frac{\pi D^2}{4} \tag{11-1}$$

式中：p_r——压射力,N；

p_G——压射缸内的工作压力,当无增压机构或增压机构未工作时,即为管道中工作液的压力,Pa；

D——压射缸的直径,m。

压射比压是压室内液体金属单位面积上所受的压力,其值可用下式计算：

$$p_b = \frac{p_r}{A} = \frac{4p_r}{\pi d^2} \tag{11-2}$$

式中：p_b——压射比压,Pa；

A——压射冲头（或压室）的截面积,m^2；

d——压射冲头（或压室）的直径,m。

在压铸过程中,作用在液体金属上的压力以两种不同的形式出现,其作用也不同。一种是液体金属流动过程中的流体动压力,其作用主要是完成充填及成形过程；另一种是在充型结束后,以流体静压力形式出现的最终压力,其作用是对凝固过程中的金属进行压实。

压铸过程中作用在液体金属上的压力不是一个常数,它是随着压铸过程的不同阶段而变化的。液体金属在压室及压型中的运动情况可分为四个阶段。

阶段Ⅰ：慢速封孔阶段。压射冲头以慢速向前移动,液体金属在较低压力 p_1 作用下推向内浇道。低的压射速度是为了防止液体金属在越过压室浇注孔时溅出和有利于压室中气体的排出,减少液体金属卷入气体。此时压力 p_1 只用于克服压射缸内活塞移动和压射冲头与压室之间的摩擦阻力,使液体金属推至内浇道附近。

阶段Ⅱ：充填阶段。二级压射时,压射活塞开始加速,并由于内浇道处的阻力而出现小的峰压。液体金属在压力 p_2 的作用下,以极高的速度在很短时间内充填型腔。

阶段Ⅲ:增压阶段。充型结束时,液体金属停止流动,动能转变为冲压力。压力急剧上升,并由于增压器开始工作,压力 p_3 上升至最高值。这段时间极短,一般为 0.02～0.04 s,称为增压建压时间。

阶段Ⅳ:保压阶段,也称压实阶段。液体金属在最终静压力 p_4 作用下进行凝固,以得到组织致密的铸件。由于压铸时铸件的凝固时间很短,因此,为实现上述目的,要求压射机构在充型结束时,能在极短的时间内建立最终压力,从而使得在铸件凝固之前压力能顺利地传递到型腔中。所需最终静压力 p_4 的大小取决于铸件的壁厚及复杂程度、合金的性能及对铸件的要求,一般为 50～500 MPa。

2）压铸速度

压铸速度有压射速度和充填速度两个不同的概念。压射速度为压铸时压射缸内液压推动压射冲头前进的速度;充填速度为熔融合金在压力作用下通过内浇口导入型腔的线速度。充填速度主要由合金的性能及铸件的结构确定。充填速度过高,会使铸件黏型或内部孔洞增多;充填速度过低,会造成铸件轮廓不清晰,甚至不能成形。根据等流量连续流动方程式可得充填速度为:

$$v_c = v \frac{A}{A_n} = \frac{\pi D^2 v}{4A_n} \tag{11-3}$$

式中:v_c——充填速度,m/s;

v——压射冲头移动速度,m/s;

A——压射冲头截面积,m^2;

D——压室内径,m;

A_n——内浇口截面积,m^2。

由于压铸的特点是速度快,当充填速度较高时,即使用较低的比压也可以获得表面光洁的铸件。但过高的充填速度会引起许多工艺上的缺点,其对压铸过程造成的不利条件如下:

（1）包住空气而形成气泡。高速合金液流跑在空气前面,堵住排气系统,使空气被包在型腔内。

（2）合金液流成喷雾状进入型腔并黏附于型壁上,后进入的合金液不能与它熔合,而形成表面缺陷,降低铸件表面质量。

（3）产生旋涡,包住空气和最先进入型腔的冷合金液,使铸件产生气孔和氧化夹渣的缺陷。

（4）冲刷压铸模型壁,使压铸模磨损加速,降低压铸模寿命。

充填速度与压射速度、作用于熔融合金上的压射比压以及合金液本身的密度、压室内径和内浇口截面积等有关。压射速度越大,充填速度越大;合金液上的压射比压越大,充填速度也越大。调整压射速度和压射比压、改变压室的内径和增大内浇口截面积(厚度)等可以改变充填速度。

3) 浇注温度及压铸模温度

浇注温度是指金属液自压室进入型腔时的平均温度。由于压铸中金属液充填型腔主要靠压力和压射速度来保证,所以,金属液的浇注温度在保证铸件质量的前提下,可采用较低的温度。大多数情况下,选择略高于液相线的温度,但具体的浇注温度随铸件壁厚和复杂程度而有所变化。

压铸模在浇注前需预热到一定温度,以免金属液压入后过度激冷而不成形,即使成形也容易引起铸件裂纹和使表面产生"霜冻"流痕等缺陷。压铸模预热到一定温度还可以避免模具激烈膨胀,减小温度波动,有利于提高模具寿命。同时,压铸模的工作温度也不宜过高,否则会使金属产生黏模现象和铸件顶出时变形,影响生产效率。因此,在压铸生产过程中,压铸模应保持在一定的温度范围内,温度过高时应进行冷却。压铸模的具体温度也与合金种类和模具结构的复杂程度有关。

4) 涂料性能

在压力铸造中,将涂料涂在型腔的工作表面上和受摩擦的部分,可以减少热传导,防止铸件黏附在型壁上,同时也可起润滑作用,便于取出铸件。对压铸使用的涂料有如下要求:

(1) 高温时具有良好的润滑性。

(2) 挥发点低,100～150 ℃时稀释剂能良好地挥发。

(3) 对压铸模和铸件没有腐蚀作用。

(4) 性能稳定,在空气中不会因稀释剂挥发而变稠。

(5) 高温时不会析出或分解出有害气体。

5) 持压时间和开模时间

金属液充满型腔到内浇口完全凝固的过程中,在压力作用下的持续时间称为持压时间。持压时间应根据铸件壁厚及合金的结晶温度范围确定。开模时间为从持压作用完开始,到开型顶出铸件为止的时间。开模时间不宜过长或过短,时间过长,会给抽芯和顶出铸件造成困难,甚至导致铸件开裂,并降低生产效率;时间过短,易产生变形、热裂及导致表面起泡,影响铸件的精度。

11.2.4 压力铸造的应用范围

压铸件主要用于汽车、摩托车、仪表、工业电器、家用电器、农机、无线电、通信、机床、运输、造船、照相机、钟表、计算机、纺织器械等行业,其中汽车行业约占70%,摩托车行业约占10%。目前用压铸方法可以生产铝、锌、镁和铜等的合金压铸件。铝合金所占比例最高,占60%~80%;锌合金次之,占10%~20%;铜合金压铸件比例仅占压铸件总量的1%~3%;镁合金压铸件过去应用很少,但近年来随着汽车工业、电子通信工业的发展和对产品轻量化的要求,镁合金压铸件的应用逐渐增多,其产量有明显增加,预计将来还会有较大发展。汽车中应用的典型压铸产品见图11-2。

图 11-2 汽车中应用的典型压铸产品

压铸零件的形状多种多样,大体上可以分为以下五类。

（1）圆盖、圆盘类，如表盖、机盖、底盘、盘座等。

（2）筒体类，如凸缘外套、导管、壳体形状的罩壳、仪表盖、上盖、深腔仪表罩、照相机壳与盖、化油器等。

（3）圆环类，如插接件、轴承保持器、方向盘等。

（4）多孔缸体、壳体类，如气缸体、气缸盖及油泵体等多腔的结构，以及较为复杂的壳体。

（5）特殊形状类，如叶轮、喇叭、字体、由筋条组成的装饰性压铸件等。

11.3　实验内容

（1）压铸件设计。分析零件结构及形状的要求以及压铸件的工艺性能，并根据压铸件的技术条件对零件进行工艺设计，不同材料的压铸件具有不同的工艺要求。

（2）压铸模设计，在产品零件结构及工艺分析的基础上进行。压铸模包括排溢系统、抽芯机构、顶出机构、浇注系统等，其材料的选择主要取决于铸件的材料。

（3）根据设计的压铸参数完成铝合金件的压铸过程，并分析铸件的质量。

11.4　实验材料与设备

11.4.1　实验材料

ADC12 铝合金、涂料。

11.4.2　实验设备

铝合金离合器盖压铸模、冷室压铸机。

11.5　实验步骤

1. 确定压铸工艺参数

（1）压力。蓄能压力:19 MPa;增压压力:18 MPa;压射比压:70 MPa。

（2）速度。低速压射:0.3 m/s;高速压射:4 m/s。

（3）行程。低速行程:400 mm;高速行程:100 mm。

（4）浇注温度:660 ℃。

（5）开模时间:9 s。

（6）料饼厚度:20 mm。

（7）涂料。脱模剂:水基;冲头润滑剂:油基(不含石墨),以保证铸件表面光洁。

2.压铸操作程序

（1）穿戴好劳动防护用品,准备好生产工具、辅具。

（2）开机前检查模具和机器后预热模具。

（3）清扫和喷涂:人工补充清扫分型面、排气道飞边、残屑,对动模内浇口处人工补喷。

（4）合模:注意合模动作平稳无停滞;动模、定模对合良好。

（5）上料:注意浇注温度,随时清理上料勺、倒料漏斗勺、液位探针上的黏铝;上料手动作平稳。

（6）压射、开模:注意冲头运动无阻塞,开模时冲头跟出。

（7）顶出、取件:注意铸件有无黏模,以及取件手的动作及运动情况。

（8）切边工序。

3.压铸件清理

清理工作台面,避免毛刺碰伤零件外表面。去除顶杆毛刺及日期标记四周毛刺。去除油道孔隔层和毛刺,不允许有毛刺或隔层残留,并注意检查。去除非加工孔内毛刺,不允许有毛刺或隔层残留,并注意检查。去除通孔隔层。锉掉侧面分型毛刺。清除浇注口侧面残余飞边。

4.压铸件检验

（1）外观:铸件不得有裂纹、欠铸等;外表面不允许有任何影响外观质量的划伤、碰伤、拉伤、黏模、冷隔、气泡等;标记无错漏。

（2）尺寸:首批试模样件按图纸要求检查所有尺寸及结构形状;每换模一次,必须检查维修部位或更换部位的尺寸以及与此相关的其他尺寸;检查拉伤部位相关的尺寸;非加工面顶杆凸出痕迹比所在面允许凸 0.3 mm 或凹 0.2 mm。

（3）内在质量:首批试加工件测试漏气率。

11.6　实验报告内容

（1）总结 ADC12 铝合金压铸过程的主要流程及压铸工艺参数。

（2）分析压力铸造机的选择与工艺参数选择的关系。

（3）分析压铸模设计中分型面的选择对脱模和合模过程的影响。

思考题

（1）压力铸造的主要缺点有哪些？如何避免？

（2）压铸合金为什么要选择低熔点合金？

（3）压铸机的选择需要考虑哪些因素？

（4）压铸工艺对压铸件结构设计的要求有哪些？

（5）常规的压铸件为何不能热处理和焊接？

12　离心铸造实验

12.1　实验目的

（1）了解离心铸造机的基本结构、工作原理和操作方法。

（2）掌握离心铸造的工艺过程、工艺原理，以及离心力大小对铸件质量的影响。

（3）了解离心铸造中常见的铸造缺陷及防治措施。

12.2　实验原理

12.2.1　基本概念

离心铸造是将液体金属浇入旋转的铸型中，使之在离心力的作用下完成充填和凝固的一种工艺方法。离心运动能使液体金属在径向很好地充满铸型并形成铸件的自由表面，这有助于液体金属中气体和夹杂物的排除，并影响金属的结晶过程，从而改善铸件的力学性能和物理性能。离心铸造必须在专门的设备——离心铸造机（使铸型旋转的机器）上完成。根据铸型旋转轴的空间位置不同，离心铸造机可分为卧式离心铸造机和立式离心铸造机两种。

卧式离心铸造机的铸型是绕水平轴或与水平线成一定夹角（小于 15°）的轴线旋转的，如图 12-1 所示，它主要用来生产长度大于直径的套筒类或管类铸件，在铸铁管和气缸套的生产中应用极广。立式离心铸造机的铸型是绕垂直轴旋转的，如图 12-2 所示，它主要用于生产高度小于直径的圆环类铸件，如轮圈和合金轧辊等，有时也可在这种离心铸造机上浇注异形铸件。由于在立式离心铸造机上安装和稳固铸型比较方便，因此，不仅可采用金属型，也可采用砂型、熔模型壳等非金属型。

12.2.2　典型特征

由于金属液是在旋转状态及离心力作用下完成充填、成形和凝固过程的，所以离心

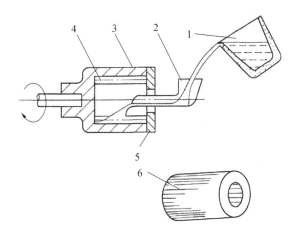

图 12-1 卧式离心铸造示意图

1—浇包;2—扇形浇道;3—铸型;4—金属液;5—挡板;6—铸件

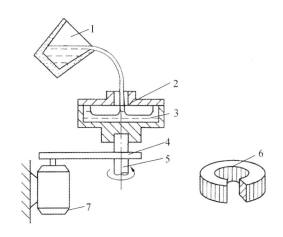

图 12-2 立式离心铸造示意图

1—浇包;2—挡板;3—金属液;4—传动带;5—传动轴;6—铸件;7—电动机

铸造具有如下一些特点。

（1）铸型中的金属液能形成中空圆柱形自由表面,不用型芯就可形成中空的套筒和管类铸件,因而可简化这类铸件的生产工艺过程。

（2）显著提高金属液的充填能力,改善充型条件,可用于浇注流动性较差的合金和薄壁的铸件。

（3）有利于金属液中的气体和夹杂物的排除,并能改善铸件凝固的补缩条件,因此铸件的组织致密,缩松及夹渣等缺陷较少,铸件的力学性能好。

（4）可减少甚至不用冒口系统，降低了金属消耗。

（5）对于某些合金（如铅青铜等）容易产生重度偏析。

（6）铸件内表面较粗糙，有氧化物和夹渣产生，且内孔尺寸难以准确控制。

（7）主要适合于外形简单且具有旋转轴线的铸件，如管、筒、套、辊、轮等的生产。

（8）铸造合金的种类几乎不受限制。

12.2.3 影响因素

1. 离心力场

在离心铸造时，旋转着的金属液占有一定的空间，若在这个空间中取金属液的任一质点，设其质量为 m，旋转半径为 r，旋转角速度为 ω，则在该质点上作用着离心力 $m\omega^2 r$。离心力的作用线通过旋转中心 O，指向离开中心的方向。离心力使金属质点做远离旋转中心的径向运动。可借用地心引力场的概念来研究离心力场中铸件的成形特点。

在地心引力场中，单位体积（V）物质所受的重力（mg）称为重度，并以 $\gamma = \dfrac{mg}{V} = \rho g$ 表示；同样，对于离心力场来说，作用于旋转状态单位体积（V）物质上的离心力可表示为 $\gamma' = \dfrac{m\omega^2 r}{V} = \rho\omega^2 r$（其中 ρ 为物质的密度）。为了与地心引力场相区别，将 γ' 称为有效重度。

将离心力场与地心引力场的重度作比较，并以下式表示：

$$G = \frac{\gamma'}{\gamma} = \frac{\omega^2 r}{g} \tag{12-1}$$

比值 G 称为重力系数，它表示旋转状态中物质重度增大的倍数。显然，采用离心铸造时，在旋转铸型中的金属液的有效重度也将以 G 为倍数增大（通常为几十倍至一百多倍），在金属液自由表面上的有效重度一般在 $(2\sim10)\times10^6$ N·m^{-3} 范围内。

2. 铸型的转速

铸型转速是离心铸造工艺的主要参数之一，其选择主要应考虑如下三方面的问题：

（1）保证液体金属进入铸型后能迅速充满成形。

（2）保证获得良好的铸件内部质量，避免出现缩孔、缩松、夹渣和气孔等。

（3）防止产生偏析、裂纹等缺陷。

在实际生产中，为了获得组织致密的铸件，可根据金属液自由表面（相应为铸件的内表面)上的有效重度 γ' 值或重力系数 G 值来确定铸型的合适转速。因为铸件内表面上的 γ' 值及 G 值最小,若其能满足质量要求,则其他部位的质量一般也能得到保证。

由前述可知,自由表面上的金属质点的有效重度为 $\gamma' = \rho\omega^2 r_0$,则

$$n = 29.9\sqrt{\frac{\gamma'}{r_0\gamma}} \tag{12-2}$$

式中: n——铸型的转速, $\text{r} \cdot \text{min}^{-1}$;

　　γ'、γ——液体金属的有效重度和重度, $\text{N} \cdot \text{m}^{-3}$;

　　r_0——铸件内表面的半径, m。

因为 $\dfrac{\gamma'}{\gamma} = G$,故式(12-2)可改写成

$$n = 29.9\sqrt{\frac{G}{r_0}} \tag{12-3}$$

若取 $29.9G^{1/2} = C$,则可得

$$n = \frac{C}{\sqrt{r_0}} \tag{12-4}$$

上述公式为实际生产和有关文献中常见的铸型转速计算公式。公式中的 γ'、G 和 C 值根据所浇注的合金种类、铸件的形状特征和所采用的离心铸造工艺而定,一般对直径较小的铸件和采用金属型铸造时可取较大值;当合金结晶温度区间较窄,或采用砂型立式离心铸造时,可取较小值。γ'、G 和 C 值也可查相关的文献获得。

苏联的康斯坦丁诺夫经试验后提出:不论金属液的种类如何,只要在金属液自由表面上的有效重度 $\gamma' = 3.33 \times 10^6 \text{ N} \cdot \text{m}^{-3}$,就能保证获得组织致密的铸件。据此可推导出铸型转速的计算公式为

$$n = \frac{5520}{\sqrt{\gamma r_0}} \tag{12-5}$$

选择铸型转速时,应以保证液体金属能充满型腔和获得组织致密的铸件为原则。过高的铸型转速将导致铸件产生纵向裂纹和偏析。在采用砂型离心铸造时,还会出现胀砂、黏砂甚至跑火等缺陷。此外,也不利于安全生产。

12.2.4　典型应用

1. 离心铸造应用范围

离心铸造最早用于生产铸管,随后得到快速发展。目前,国内外在冶金、矿山、交通、

排灌机械、汽车等行业中均采用离心铸造工艺生产钢、铁及非铁碳合金铸件。其中,尤以离心铸铁管、内燃机缸套和轴套等铸件的生产最为普遍。对一些成形刀具和齿轮类铸件,也可以对熔模型壳采用离心铸造。这样既能提高铸件的精度,又能提高铸件的力学性能。图12-3所示为离心铸造的内燃机缸套。

图 12-3　离心铸造的内燃机缸套

用离心铸造法大量生产的铸件有:

(1)铁管。世界上每年球墨铸铁件总产量的近一半是用离心铸造法生产的。

(2)柴油发动机和汽油发动机的气缸套。

(3)各种类型的钢套和钢管。

(4)双金属钢背铜套及各种合金的轴瓦。

(5)造纸机滚筒。

用离心铸造法生产效益显著的铸件有:

(1)双金属铸铁轧辊。

(2)加热炉底耐热钢辊道。

(3)特殊钢无缝钢管。

(4)制动鼓、活塞环毛坯及铜合金蜗轮。

(5)异形铸件,如叶轮、金属假牙、金银首饰、小型阀门和铸铝电动机转子。

2. 球墨铸铁管的离心铸造

用离心铸造法制造球墨铸铁管有三种方法,即涂料法、热模法和水冷金属型法。所谓涂料法和热模法,是在浇注金属液前于金属型的表面分别施涂一层耐火涂料和覆膜砂,以减轻金属液对金属型的热冲击,从而提高金属型的寿命。涂料法和热模法通常用于生产直径大于 1000 mm 的球铁管,最大直径可达 2600 mm 以上。水冷金属型法则是在离心铸造过程中,金属型不施涂涂层,仅在金属型的外侧通冷却水,以带走金属液传给金属型的热量,从而达到保护金属型的目的。水冷金属型法通常用于生产直径为 1000 mm 以下的球铁管。

3. 铸铁气缸套的离心铸造

气缸套是发动机上的重要零件,它与活塞环组成一对摩擦副。在发动机工作时,它既受到剧烈的机械摩擦和热应力的作用,又受到气缸内部燃烧生成物和周围冷却介质的化学腐蚀。因此要求气缸套具有较高的耐磨性和耐高温腐蚀性,并且组织致密、均匀、无渣孔。其常用材料为低铬、低镍或低铬、铜、硼等合金铸铁。

气缸套结构简单,铸件毛坯基本上是一个圆筒件,因而非常适合采用离心铸造法制造。使用量最大的汽车、拖拉机缸套,其毛坯直径一般为 90～200 mm,属于中小型气缸套。中小型气缸套的离心铸造较普遍采用单头卧式悬臂离心铸造机。采用金属型时,为避免铸件产生白口,可在铸型内表面喷涂 1～2 mm 厚的涂料。铸型转速可按自由表面上有效重度 $(4～8)×10^6$ N·m^{-3} 进行计算。浇注时,金属型的工作温度为 200～350 ℃,铁液的浇注温度为 1300～1360 ℃。为提高生产效率,同时为保护铸型和延长铸型的使用寿命,浇注后对铸型型壁施以水冷或空冷,一般水冷时间为 60～150 s。

船舶、机车用的气缸套,其内径一般大于 200 mm,属于大型铸铁气缸套。离心铸造时可采用如图 12-4 所示的卧式滚筒离心铸造机。铸型内也可内衬砂型,砂衬采用水玻璃砂型或其他干砂型,砂衬的厚度为 7～30 mm。

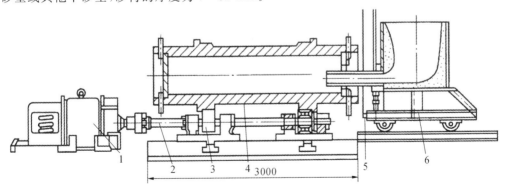

图 12-4　用于大型气缸套的卧式滚筒离心铸造机

1—电动机;2—传动轴;3—支承轮;4—铸型;5—防护罩;6—浇注小车

12.3 实验内容

（1）利用电阻熔炼炉熔炼并浇注二元锡锌共晶合金。

（2）采用立式铸造机完成二元锡锌共晶合金在不同转速下的离心铸造过程。

（3）分析二元锡锌共晶合金离心铸件中存在的缺陷及其形成机理和预防措施。

12.4 实验材料与设备

12.4.1 实验材料

二元锡锌共晶合金(Sn-9wt.%Zn,其中9wt.%表示合金中Zn的质量分数为9%,后文中相同表示法含义同此)。

12.4.2 实验设备

（1）全自动压模机,基本参数见表12-1。

表 12-1 全自动压模机的基本参数

电源	功率	恒温范围	最大压力	模具直径	模具厚度
220 V	6 kW	50~300 ℃	50 t	9~14 mm	<120 mm

（2）立式半自动离心铸造机,基本参数见表12-2。

表 12-2 立式半自动离心铸造机的基本参数

电源	功率	压力调节范围	离心转速	模具直径	模具厚度
220 V	0.75 kW	0~6 kg	0~1800 r/min	9~14 mm	<120 mm

（3）电阻坩埚炉、热电偶、浇注工具等。

12.5 实验步骤

（1）采用全自动压模机预先压制硅橡胶(耐温500 ℃)模具(浇道可用刀刻出)。将整机放稳于水平地面,预热温度设定为 50～100 ℃,将模具放到压模机内,待达到预热温度,按启动按钮,再按油缸启动按钮,使内部压力上升,达到一定压力后,自动运行。设定加热时间为 10～20 min,根据需要设定恒温度数,设定硫化时间,一般为 60～90 min。硫化过程中,压模机会定时上升、下降,属于正常排气。硫化时间结束后自动关机,压模机自动下降,开始冷却。

（2）将螺旋型橡胶模具分若干次放入离心机中固定,关闭安全门。

（3）液态金属熔炼:利用电阻坩埚炉熔化 Sn-9wt.％Zn 合金,浇注温度控制在约 300 ℃。

（4）检查立式离心机,接通 220 V 电源,打开主控开关,设定好所需时间。本实验采用的时间为 40～80 s。接通气路,上盖自动打开,调好气压。本实验设定气压范围为 3～4 kg。在调速面板上调节电动机的频率来控制离心机的转速:转速＝频率×36。按启动按钮,上盖自动盖下,气缸上顶夹紧模具,离心机开始旋转。浇注合金,到设定时间后,离心机停止转动,上盖自动打开,取模。

（5）改变离心机的转速（600 r/min、1000 r/min 和 1400 r/min）,重复浇注铸件。

12.6　实验报告内容

（1）记录实验过程,包括以下几个重要实验参数和实验结果:合金成分、浇注温度、离心机转速、金属液充型程度等。

（2）观察充型情况,分析离心力大小与充型能力的关系。

（3）观察铸造缺陷等,分析缺陷产生的机理,并提出防治措施。

思考题

（1）离心铸造有什么优缺点?

（2）分析合金成分对合金充型能力的影响。

（3）分析离心铸造工艺在浇注时如何提高金属液的充型能力。

（4）熔体温度偏低,如需要获得合格的零件,该怎样调整参数?

（5）圆筒形铸件宜选用哪种离心铸造机?

第三部分 充型和凝固过程调控实验

金属液浇注到铸型中,若造型(芯)和浇注工艺得当,即可得到充型完整的铸件。但铸件的质量能否得到保证,还与金属液在铸型中的凝固和冷却过程有直接的关系。如果凝固过程控制不当,则会出现组织粗大、力学性能偏低、缩松缩孔、热裂冷裂等问题,甚至导致铸件报废。

凝固过程不仅包含液固相变,而且还伴随着传热、传质和动量传输的过程。通过凝固过程的调控,比如利用孕育、振动等手段促使初始的粗大柱状晶转变为细小的等轴晶,不仅能够显著提高铸件的宏观力学性能,还能促进各向同性,减少铸件的缺陷。

凝固过程与铸件的组织形成密切相关。精确调控凝固过程,如采用定向凝固,在铸型中建立特定方向的温度梯度使熔融合金沿着与热流方向相反的方向、按照要求的结晶取向进行凝固,可消除横向晶界,获得特定取向的柱状晶,进而通过选晶技术消除全部晶界,获得单晶。这也是当前航空航天发动机叶片的重要制备技术。

本部分的实验针对充型和凝固过程调控,重点介绍流动性、振动凝固、热裂性和定向凝固实验,为了解基本的凝固过程调控奠定基础。

13　金属液流动性实验

13.1　实验目的

（1）掌握金属液流动性的概念及其意义，掌握采用螺旋形模具测定金属液流动性的方法。

（2）了解液态金属的流动性和充型能力的异同点以及影响因素。

（3）掌握分析金属材料流动性强弱的能力和调控方法。

13.2　实验原理

13.2.1　金属液流动性的基本概念

液态金属本身的流动能力，称为流动性（fluidity），由液态金属的成分、温度、杂质含量等决定，而与外界因素无关。在讨论流动性时，常将金属液在凝固过程中停止流动的温度称为零流动性温度；将合金加热至零流动性温度以上同一过热度时的流动性称为真正流动性；而在同一铸造温度下的流动性称为实际流动性。

在铸造过程中，人们习惯把液态金属的流动性与充型能力当作同种液态金属属性。虽然液态金属的流动性和充型能力都是影响金属成形的因素，但不同的是，流动性是确定条件下的充型能力，它是液态金属本身的流动能力，与外界因素无关。而充型能力首先取决于金属流动性，同时又与铸件结构、浇注条件及铸型等有关。

流动性对于排除液态金属中的气体和杂质，凝固过程的补缩、防止开裂，获得优质的液态成形产品有着重要的影响。良好的流动性有利于防止缩孔、缩松、热裂等缺陷的出现。液态合金的流动性好，充型能力强，也便于浇注出轮廓清晰且复杂的铸件，同时有利于夹杂物和气体的上浮与排除，以及凝固过程的补缩。不过，充型能力还可以通过改变外界条件来提高。

液态合金的流动性可用试验的方法,一般可采用简单易操作的螺旋形试样来衡量,如图 13-1 所示。通过比较金属液在相同铸型条件下流动的长度,可知道流动性的优劣。

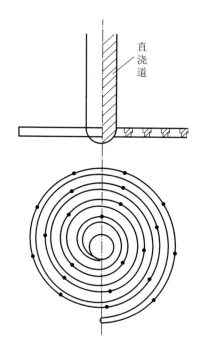

直浇道

图 13-1　液态金属的螺旋形流动性试验示意图

13.2.2　停止流动机理

图 13-2 为纯金属(或共晶成分合金)和结晶温度范围很窄的合金的停止流动机理示意图。此类合金的凝固方式是逐层凝固。在金属的过热量未完全散失以前为纯液态流动(第Ⅰ区)。金属液继续流动,冷的前端在型壁上凝固结壳,而后面的金属液是在被加热了的通道中流动,冷却强度下降。由于液流通过Ⅰ区终点时尚具有一定的过热度,其会将已凝固的壳重新熔化(第Ⅱ区),因此,该区是先形成凝固壳,又被完全熔化。第Ⅲ区是未被完全熔化而保留下来的一部分固相区,在该区的终点金属液耗尽了过热热量。在第Ⅳ区里,液相和固相具有相同的结晶温度。由于在该区的起点处结晶开始较早,断面上结晶完毕也较早,往往在它附近发生堵塞。这类金属的流动性与固体层内表面的粗糙度、毛细管阻力,以及在结晶温度下的流动能力有关。

图 13-3 为结晶温度范围很宽的合金的停止流动机理示意图。此类合金的凝固方式是糊状凝固。在过热热量未散失尽以前,也是纯液态流动。当温度下降到液相线以下

时,液流中析出晶体,顺流前进,并不断长大。但由于在型壁上先生成的少量晶粒并不能够固定,而是被随流带走,因此液流前端不断与冷的铸型型壁接触,冷速最快,晶粒数量最多,从而使金属液的黏度增加,流速减慢。当晶粒达到某一临界数量时,便结成一个连续的网络,当液流的压力不能克服此网络的阻力时,即发生堵塞而停止流动。

合金的结晶温度范围越宽,枝晶越发达,液流前端析出相对较少的固相量,也在相对较短的时间内液态金属便会停止流动。因此,具有最大溶解度的合金,其流动性最小。试验表明,在液态金属流的前面析出 15%～20% 的固相时,流动就停止。

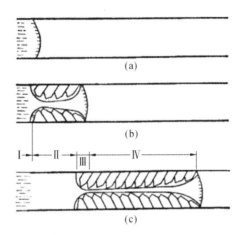

图 13-2 纯金属和窄结晶温度范围合金的停止流动机理

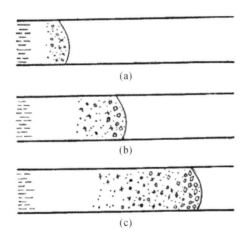

图 13-3 宽结晶温度范围合金的停止流动机理

13.2.3　影响液态金属流动性和充型性的因素

1. 金属性质

金属本身的性质,包括金属的化学成分、杂质含量以及结晶特点等,特别是热物理性质和结晶特性是决定液态金属流动性的内因。一般来说,合金的结晶潜热越小、比热容越小、热导率越大、结晶温度范围越宽、树枝状初晶体越多,则液态金属的流动阻力越大,流动性越差。例如,对于纯金属和共晶成分的合金,由于是在固定温度下结晶,已凝固的结晶前沿从铸锭表层逐渐向中心推进,与尚未结晶的液体之间界面分明,且结晶前沿比较平滑,对流体的流动阻力小,因而具有较好的流动性。对于具有较宽结晶温度范围的合金,由于在铸锭断面上存在着固/液两相共存区,同时枝晶较为发达,液态金属流动阻力也较大,因而流动性较差。另外,金属液的黏度越大、表面张力越大,流动性越差。

2. 铸造条件

金属液温度是影响其流动性好坏的重要因素。金属液温度越高,液态金属所含的热量多,在同样的冷却条件下,保持液态的时间越长。此外,在铸造过程中,浇注温度、铸型结构、预热温度及浇注压力(浇注压头)的高低对充型性也有较大的影响。例如,液态金属在流动方向上所受的压力愈大,则金属液充型性愈好。铸型的结构越复杂、壁厚越小,则液态金属流动时的阻力越大,金属液充型性就会变差。当然,铸型的物理性质也会对金属液的充型性有一定影响,例如铸型材料的导热能力,铸型型壁表面的光滑程度等。这里要注意流动性和充型性的概念区别。

13.2.4　金属液在充型流动过程中的水力学特性

铸造生产中砂型铸造占有很大的比例,而液态金属在砂型中流动时呈现如下的水力学特性。

(1)黏性流体流动。金属液是很有黏性的流体,其黏度的大小与其成分有关,在流动过程中又随温度的降低而增大。当液态金属中出现晶体时,金属液的黏度急剧增加,其流速和流态也会发生急剧变化。

(2)不稳定流动。在充型过程中金属液的温度不断降低,而铸型的温度不断升高,两者之间的热交换呈不稳定状态。随着金属液温度的下降,黏度增加,流动阻力也随之增加,并且充型过程中液流的压头可能增大或减小,金属液的流速和流态也不断变化,导致金属液在充填铸型过程中的不稳定流动。

（3）多孔管中流动。由于砂型具有一定的孔隙度,因此可以把砂型中的浇注系统和型腔看作多孔的管道和容器。金属液在"多孔管"中流动时,往往不能很好地贴附于管壁,此时可能将外界气体卷入液流,形成气孔或引起金属液的氧化而形成氧化性夹渣。

（4）湍流流动。生产实践中的测试和计算证明,金属液在浇注系统中流动时,其雷诺数 Re 大于临界雷诺数 $Re_{临}$,属于湍流流动。不同的铸造合金,或在同一铸造合金条件下,在浇注系统中的不同浇注单元,其所允许的临界雷诺数也是不同的。对于一些水平浇注的薄壁铸件或厚大铸件的充型,液流上升速度很慢,也有可能得到层流流动。

综上分析,金属液的水力学特性与理想液体相比,有明显的差别。但是实验研究和生产实践表明,在砂型铸造时,由于金属液浇注时有一定的过热度,一般浇注系统长度不大,充型时间很短,因此在浇注过程中浇道壁上不会发生明显结晶现象,金属液的黏度变化对流动的影响并不显著。所以金属液的充型过程和浇注系统设计,可以用水力学的基本公式进行分析和计算。

13.3　实验内容

（1）采用合理的工艺,利用电阻熔炼炉熔炼 Sn-Pb 二元合金,并浇注到螺旋形模具中。

（2）使用螺旋形模具测试共晶锡铅合金与亚共晶锡铅合金的流动性并进行比较。

（3）分析合金成分、浇注温度等因素对金属液流动性的作用机理。

13.4　实验材料与设备

13.4.1　实验材料

共晶锡铅合金（Sn-38.1wt.％ Pb）和亚共晶成分的锡铅合金（Sn-10wt.％ Pb）预制锭。

13.4.2　实验设备

(1) 螺旋形石墨模具,示意图如图 13-1 所示。

(2) 电阻炉,铸钢坩埚,热电偶,浇注工具,尺子等。

13.5　实验步骤

(1) 金属的熔化与保温。检查电阻炉,清理炉内杂物,确保炉内干净;检查炉壁、炉底板是否有破裂等损坏;检查电阻丝和热电偶引出棒的安装紧固情况,以及仪表是否正常等;清理坩埚,涂刷涂料,并加热干燥。确保各项符合要求后,设置电阻炉的升温速率、保温温度和保温时间等参数。清理螺旋形石墨模具,最后将质量相同的 Sn-38.1wt. % Pb 合金和 Sn-10wt. % Pb 合金分别置于两个电阻炉中缓慢加热直至熔化并保温。

(2) 浇注。利用手持热电偶测试金属液的温度,保持相同的过热度,采用重力浇注的方法将两种成分的金属液分别浇注到两个螺旋形石墨模具中,浇注时须对准浇口,以防止金属液飞溅。

(3) 测定流动性。待试样冷却到室温后,取出试样,分别测量不同试样螺旋形部分的长度,其中凸点间距 $L_0 = 50$ mm,设凸点数为 n(见图 13-1 中凸点),不足 L_0 的长度用尺子测出其长度 A_0。最后的流动距离用公式 $L = L_0 \cdot n + A_0$ 表示,n 值越大流动性越好,当 n 值一样时,A_0 越大其流动性就越好。

(4) 结束实验。记录实验数据,整理坩埚、实验工具、模具,待电阻炉冷却后关闭电源开关,并用防尘布盖好电阻炉,最后清扫实验场地。

13.6　实验报告内容

(1) 记录实验过程,包括合金成分、熔炼工艺参数、浇注条件、试样在螺旋形模具中的流动长度等数据。

(2) 计算共晶锡铅合金(Sn-38.1wt. % Pb)和亚共晶成分的锡铅合金(Sn-10wt. % Pb)的流动距离,比较二者的流动性。

(3) 分析合金成分和浇注条件对合金流动性的影响机理。

思考题

（1）金属液的流动性和充型能力有何异同？

（2）采用哪些措施可提高金属液的流动性？

（3）用水力学基本原理分析液态金属充型过程中的流动状态。

（4）分析共晶合金与宽结晶温度范围的合金的停止流动机理的异同。

（5）分析铸钢和铸铁流动性差异的机理。

14 振动凝固实验

14.1 实验目的

（1）掌握金属振动凝固的实验流程，了解振动参数对凝固组织的作用规律。

（2）掌握振动凝固装置的使用方法和熔炼浇注工艺流程。

（3）掌握振动凝固的应用范围，以及针对不同铸件和铸造条件的振动凝固工艺设计。

14.2 实验原理

振动凝固指的是在金属液凝固过程中施加振动，借助液相和固相间的相对运动破碎枝晶，增加液相内的结晶核心，使铸件的凝固组织细化、综合性能提高的铸造方法。振动凝固成形铸件的凝固组织主要受到振动频率、振动幅度、金属液温度变化、凝固界面生长速度等因素的影响。

振动凝固的目的主要有：通过外加振动场的方式，实现铸件凝固组织细化、降低成分偏析和铸造应力，减少缩孔缩松等铸造缺陷。

一般来说，振动细化凝固组织的机理主要有三个方面：一是促进凝固初期晶核在型壁上的游离；二是促进凝固过程中金属液表面结晶雨的形成；三是折断凝固前沿的枝晶，使其游离到金属液中，形成等轴晶生长的核心。金属液在振动环境中失去了稳定沿着热流方向生长的有利条件，振动增强了金属液的对流能力、冲刷型壁的能力，促进了游离结晶核心在金属液中形成，这些游离的结晶核心为凝固过程提供了有利的异质形核位点，增强了金属液的异质形核能力，诸多结晶核心在金属液中自由生长成为自由树枝晶。其在振动环境中不断长大并运动，与先结晶完成的等轴晶粒接触后，再共同长大和运动。金属液凝固过程中振动场的施加，显著增强了金属液的等轴晶成核率，促进了铸件微观组织由柱状晶向等轴晶的转变和晶粒尺寸的减小，抑制了缩孔缩松以及偏析的形成与发展,提高了铸件的力学性能。

振动凝固影响铸件凝固组织的关键因素主要是振动频率和振幅。除此之外,浇注温度也是影响铸件凝固组织的重要因素。以铝合金为例,当只有振动频率逐渐增大时,同一成分的金属凝固组织中等轴晶率先升高,达到峰值后下降;同时,随着振动频率的增大,铸件的平均晶粒尺寸变小,最后保持稳定。当变量为振幅,并且振幅逐渐增大时,铸件的等轴晶率先升高,随后进入一段平台期;振幅增大到一定程度后,等轴晶率会进一步增大,到达峰值后等轴晶率开始下降。浇注温度对铸件凝固组织的影响主要体现在铸件缺陷的形成和控制上,过高或过低的浇注温度都会导致铸件的铸造缺陷产生。以铝合金为例,一般来说,720 ℃是最佳浇注温度。当浇注温度低于 720 ℃时,铝液的流动性会迅速降低,铸铝件极易出现冷隔、浇不足等缺陷;反之,当浇注温度高于 720 ℃时,铸铝件的冷却和凝固时间会延长,导致铸铝件内出现缩孔、缩松、气孔等。

振动凝固是改善铸件凝固组织及力学性能的重要方法。例如高锰钢、高铬钢等耐磨钢铸件常用消失模铸造,但是消失模铸造生产的耐磨铸件晶粒尺寸粗大、致密度低、拉伸强度和延伸率较低。在这个前提下,消失模铸造工艺的优化就势在必行,最常见的方法就是配合振动凝固的使用。例如,将高铬钢分别在单独消失模铸造和消失模铸造辅助以振幅 0.32 mm、频率 50 Hz 的振动场进行浇注,后者所得到的高铬钢铸件凝固组织中的非金属夹杂物在基体中的分布变得弥散细小,且体积分数减小 13%,冲击吸收能提高 20%;在载荷为 3 kg 和 5 kg 的高应力三体磨料磨损试验中耐磨性分别提高 14.7% 和 10.8%。ZL101 铝合金也是消失模铸造中的常见合金体系,振动凝固不仅显著细化了 ZL101 铝合金的晶粒,还提高了铸件的抗拉强度和延伸率。例如,当 ZL101 铝合金消失模铸造不施加振动时,其晶粒尺寸为 350 μm,而当振动频率达到 30 Hz 时,晶粒尺寸减小到 180 μm,同时抗拉强度从 150 MPa 提高到 180 MPa,延伸率则从 1.8% 提高到 2.7%,其凝固组织如图 14-1 所示。同时,振动凝固也能显著细化 Ti-48Al-2Cr-2Nb 合金的凝固组织,将振动装置进行改进,放置于真空室的铸型底部,施加振幅为 1 mm、振动频率为 50 Hz 的机械振动,结果使得其铸态平均晶团尺寸从 141 mm 降低到 72 mm,如图 14-2 所示。

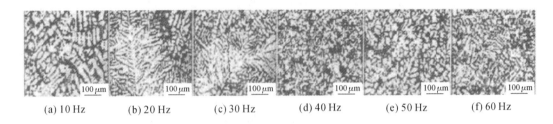

(a) 10 Hz   (b) 20 Hz   (c) 30 Hz   (d) 40 Hz   (e) 50 Hz   (f) 60 Hz

图 14-1 不同频率下振动凝固 ZL101 铝合金的铸态显微组织

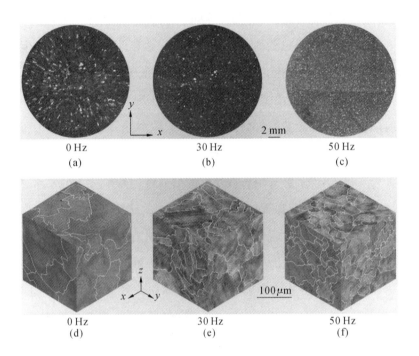

图 14-2 不同振动频率下的 Ti-48Al-2Cr-2Nb 合金的凝固组织

14.3 实验内容

(1) 熔炼纯铝并浇注,使其在不同振动频率(0 Hz、25 Hz、50 Hz、100 Hz)的铸型中凝固,观察铸态金相组织的演化规律。

(2) 熔炼纯铝并浇注,使其在不同振幅(0 mm、1 mm、2 mm、4 mm)的铸型中凝固,观察铸态金相组织的演化规律。

(3) 分析振动频率和振幅对铸铝凝固组织的作用机理,并综合分析获得最佳的振动工艺参数。

14.4 实验材料与设备

14.4.1 实验材料

工业纯铝、六氯乙烷、氩气。

14.4.2 实验设备

（1）振动凝固试验台。根据振动的特征，振动可分为周期性振动、随机性振动和瞬间性振动，振动源可采用机械式振动源、电磁式振动源和气冲式振动源。本实验使用的振动装置采用机械式振动。振动凝固试验台的结构示意图如图 14-3 所示。

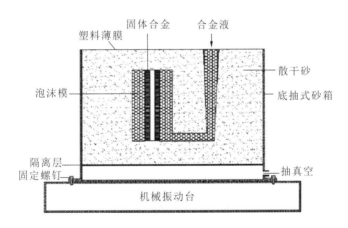

图 14-3 机械式振动凝固试验台结构示意图

（2）电阻坩埚炉。电阻坩埚炉主要由炉壳、耐火层、保温层、加热元件、炉盖等部分组成。

（3）抛光机。抛光机由底座、抛盘、抛光织物、抛光罩等基本元件构成。抛光机用于金相观察前的试样抛光，金相显微镜下能否观察到清晰的晶粒组织主要由抛光决定。

（4）金相显微镜。用于观察不同振动频率和振幅下凝固后铸件组织的晶粒差异。

（5）机械切割机。用于切开铸件，以观察不同振动频率和振幅下凝固后铸件内部的金相组织和铸造缺陷。

14.5　实验步骤

（1）前期准备。①将工业纯铝锭在 350 ℃预热 2 h，以去除表面附着水分；②使用前将坩埚清理干净，预热到 500 ℃并保温 2 h，去除附着在坩埚内壁的水分和可燃物质，待冷却至 300 ℃以下时再次清理坩埚，并且喷刷涂料；③圆柱形钢模（铸型）经预热后涂刷防护涂料并烘干，固定到振动凝固试验台上；④压勺、搅拌勺等用于清除残余金属及氧化污染物的辅助工具，经预热后涂刷防护涂料并烘干；⑤准备氩气精炼设备。

（2）加料熔炼。向坩埚中加入工业纯铝锭，撒上覆盖剂，将炉温升高至 740 ℃后保温。

（3）精炼处理。炉温降到 720 ℃后，通入氩气进行精炼，并合理搅拌，然后静置 5～10 min 再用扒渣勺清除表面浮渣。

（4）浇注准备。启动振动凝固试验台，在固定振幅（2 mm）的条件下依次调节振动频率（分别为 0 Hz、25 Hz、50 Hz、100 Hz），将铝液分别浇注到不同振动频率的铸型中；在固定振动频率（50 Hz）的条件下调节振幅（分别为 0 mm、1 mm、2 mm、4 mm），将铝液分别浇注到不同振幅的铸型中。

（5）铸件处理。待铸件凝固冷却后，切开试样并经粗磨、精磨得到打磨光滑的金相试样。

（6）金相组织观察。使用王水腐蚀金相试样并观察金相组织和缺陷，统计晶粒平均尺寸。

14.6　实验报告内容

（1）总结纯铝的熔炼、浇注、振动凝固工艺流程和主要参数。

（2）分别绘制振幅-晶粒尺寸曲线图和振动频率-晶粒尺寸曲线图，并解释其机理。

（3）分析如何综合考虑振动凝固的各参数（振动频率和振幅），获得最佳的细化效果。

思考题

(1) 合金凝固后的晶粒如何定义？

(2) 振动凝固实验过程中使用的涂料的成分是什么？

(3) 圆柱形钢模（铸型）经预热后涂刷防护涂料的目的是什么？

(4) 实验过程中使用的铝合金浇注精炼剂有哪些？

(5) 还有哪些振动凝固的方法可用于实现晶粒细化的效果？

15　金属热裂性实验

15.1　实验目的

（1）了解热裂纹的形貌、位置、不同类型裂纹的区别和形成原理。

（2）了解发生热裂的温度区间以及影响热裂倾向性的因素。

（3）了解合金材料、铸件结构、铸型特征、浇注系统与金属热裂性之间的关系。

（4）掌握热裂性实验实施过程与数据分析方法。

15.2　实验原理

1.热裂的概念

热裂（hot crack）是铸件处于高温状态时形成的裂缝类缺陷，是许多合金铸件最常见的缺陷之一。合金的热裂性是重要的铸造性能之一。热裂的外形不规则，弯弯曲曲，深浅不一，有时还有分叉。裂纹表面不光滑，有时可以看到树枝晶凸起，并呈现高温氧化色，如铸钢为黑灰色，铸铝为暗灰色。

热裂纹又可分为外裂纹和内裂纹。在铸件表面可以观察到的裂纹为外裂纹，隐藏在铸件内部的裂纹为内裂纹。外裂纹表面宽，内部窄，有的裂纹贯穿整个铸件断面，它常产生于铸件拐角处、截面厚度突变处、外冷铁边缘附近以及凝固冷却缓慢且承受拉应力的部位。外裂纹大部分可用肉眼观察到，细小的外裂纹需用磁力探伤或荧光检查等方法才能发现。内裂纹一般产生在铸件内部最后凝固的部位，如缩孔附近，裂纹的形状很不规则，断面常伴有树枝晶。通常情况下，内裂纹不会延伸到铸件表面，需用 X 射线、γ 射线或超声波探伤才能发现。

铸件中的热裂会严重降低铸件的力学性能，引起应力集中。在铸件使用过程中，裂纹扩展而导致断裂，是酿成事故的主要原因之一。发现热裂后，若铸造合金的可焊性好，在技术条件允许的情况下经补焊后仍可使用;若可焊性差,则铸件应报废。内裂纹不易发现,危害性更大。

2. 热裂的形成机理

纯金属和共晶合金具有特定的结晶温度,而其他合金往往是在较宽的结晶温度范围(也称为结晶温度间隔)凝固。形成热裂纹的原因很多,但根本原因是在凝固过程中产生了热应力和收缩应力。液态金属浇入铸型后,热量主要通过型壁散失,所以,凝固总是从铸件表面开始。当凝固后期出现大量的枝晶并形成完整的骨架时,固态收缩开始产生,但此时枝晶之间还存在一层尚未凝固的液态金属薄膜,如果铸件收缩不受任何阻碍,那么枝晶骨架可以自由收缩,不受力的作用。当枝晶骨架的收缩受到砂型或砂芯等的阻碍时,枝晶骨架不能自由收缩则产生拉应力。当拉应力超过材料强度极限时,枝晶之间就会开裂。如果枝晶骨架被拉开的速度很慢,而且被拉开枝晶周围有足够的金属液及时流入拉裂处进行补充,那么铸件不会产生热裂纹;反之,如果开裂处得不到金属液的补充,铸件就会出现热裂纹。

由此可知,宽结晶温度范围、糊状凝固的合金更容易产生热裂。随着结晶温度范围的变窄,合金的热裂倾向变小,恒温凝固的共晶合金不容易产生热裂。

当前主要存在两种热裂理论。

第一种是强度理论。铸件在凝固末期,当结晶骨架已经形成并开始线收缩后,由于收缩受阻,铸件中就会产生应力或塑性变形。当应力或塑性变形超过了该温度下合金的强度极限或伸长率时,铸件就会开裂。对合金高温性能的研究表明,在固相线温度附近,合金的伸长率极低,呈脆性断裂,该温度区称为脆性区。合金处于脆性区的时间越长,热裂倾向越大。实验证实,在接近固相线温度时,合金的强度也极低。例如 30 碳钢,室温时的强度极限大于 480 MPa,伸长率大于 7%;但在 1385~1410 ℃时,强度极限仅为 0.75~2.15 MPa,伸长率为 0.23%~0.44%。

第二种是液膜理论。该理论认为热裂倾向性与合金结晶末期晶体周围的液体性质及其厚度有关。当铸件冷却到固相线温度时,晶体周围还有少量未凝固的液体,构成一层液膜。温度越接近固相线,液膜越薄。铸件全部凝固时液膜消失,铸件在凝固过程中必然经历液膜由厚变薄以至消失的液膜期。在液膜期内,如果铸件收缩受阻,晶体周围的液膜就会被拉伸,当应力足够大时,液膜拉长超过一定限度,液膜断裂形成热裂。

3.影响合金热裂的因素

1）合金性质的影响

在热裂的多种影响因素中，合金的化学组成通过结晶温度范围、晶粒尺寸和共晶组织体积分数对热裂产生影响。

一般来说，热裂倾向性随着结晶温度范围的增大而增大。化学组成是决定结晶温度范围的主要因素。在温度靠近固相线之前，具有共晶成分的合金已经形成大量的树枝晶，合金在最终凝固阶段强度很高，可以抵抗收缩应力。对大多数二元合金来说，热裂倾向和合金成分之间的关系曲线（λ曲线）如图 15-1 所示。由于结晶温度范围变大，合金在脆性区停留时间变长，因此热裂倾向性就越强。

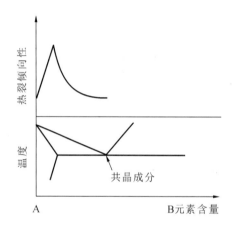

图 15-1　热裂倾向性随二元合金成分的变化曲线（λ曲线）

此外，合金共晶分数不同，热裂倾向性大小也不同。当合金的微观结构具有大量共晶相或者具有足够润湿性的共晶相时，热裂倾向减小。晶粒间的共晶液膜有利于晶系滑移。当收缩和应变发生时，由于金属液再填充，已经形成的裂纹将会愈合。对于含 Si 合金，其在凝固过程中可产生体积膨胀，有助于补缩的进行。

2）铸型性质的影响

铸件凝固收缩时受到的阻力越大，铸件内产生的收缩应力越大，铸件越易开裂，故铸型的退让性对铸件的热裂性起着重要的作用。铸型退让性好，铸件受到的阻力较小，形成的热裂倾向性也较小。湿型较干型的退让性好，故铸件不易形成热裂。铸型和型芯的退让性与所用黏结剂有关，用酚醛树脂和水玻璃作黏结剂的薄壳砂芯具有良好的退让性，而用黏土和水玻璃作黏结剂的铸型有一个主要缺点，即随温度升高铸型的抗压强度也急剧上升,此种铸型要在 1100 ℃以上才有较好的退让性。另外,铸型的退让性对产生热裂的影响不仅与其退让性大小有关,更重要的还与其退让的时刻有关。如果型砂受热而引起抗压强度升高达到最大的时刻恰好与铸件凝固即将结束的时刻相吻合,则产生热裂的倾向性最大,所以在采用黏土砂制造薄壁铸件的型芯时,应注意改善型芯的退让性。

铸件表面黏砂将影响铸件相对铸型表面移动,因而会影响铸件收缩并促使热裂形成。选择防止黏砂的涂料对防止热裂也有一定的作用。采用金属型浇注大铸件时,由于铸件表面冷却得快,会形成一层凝固层,同时由于收缩,铸件表面离开铸型型壁。在金属液静压力作用下,铸件表面因凝固层强度不足也会形成热裂。当金属型的涂料刷得不均匀时,往往因冷却快慢不均,慢冷部位产生热裂。提高金属型的温度可以降低热裂倾向性。

3）浇注条件的影响

浇注温度对铸钢件形成热裂的影响较为复杂。一方面,浇注温度高会增加钢液中的气体含量,提高其流动性,降低金属的凝固速度并有利于非金属夹杂物的排除,降低热裂倾向性。另一方面,对厚壁铸件,浇注温度过高会增加缩孔,减缓冷却速度,使初晶粗化,形成偏析,从而促使热裂更易形成。此外,浇注温度过高往往容易引起铸件黏砂或与金属型壁黏合,阻碍铸件收缩,引起热裂。

浇注速度对热裂也有影响。浇注薄壁件时,浇注速度较快,型腔内液面上升速度较快,可防止局部过热,而对于厚壁件则要求浇注速度尽可能慢一些。浇注时金属液引入铸型的方法对热裂形成也有不可忽视的影响,一般内浇口附近温度较高,冷却速度较慢,受阻时此处为薄弱环节,故易产生裂纹。若能将内浇口分散在几个地方,使收缩应力分散,也可以减小热裂倾向。

4）铸件结构的影响

铸件厚薄不均时,各处的冷却速度也不同。薄的部分先凝固,降至较低的温度时具有较高的强度。当较厚部分凝固时,收缩应力易集中于此处,所以厚的部分易出现裂纹。若铸件壁十字交接,则会在该处形成热节并产生应力集中现象,因而也容易形成热裂。浇冒口开设不当会对铸件收缩起阻碍作用,增大铸件收缩应力,从而使铸件开裂,对大型铸钢件尤为明显。

总之,促使铸件产生热裂的因素很多,在分析铸件形成热裂的原因时,必须结合具体合金、具体铸件进行具体分析,才能得出正确结论并采取相应的措施。

4.防止铸件热裂的途径

热裂的影响因素主要是合金性质、铸型性质、浇注条件及铸件结构四个方面,因此,防止热裂的途径也主要从这四个方面入手。

1）提高合金抗热裂能力

在满足铸件使用性能的前提下，调整合金成分或选用热裂倾向性小的合金。例如在铸铁中调整 Si、Mn 含量，采用接近共晶成分的合金等；控制炉料中的杂质含量和采取有效的精炼措施，改善夹杂物在铸件中的形态和分布，从而提高抗裂能力。

控制结晶过程，细化一次结晶组织。采取变质处理、振动结晶、在旋转磁场中凝固等细化一次结晶的措施。细小晶粒表面积大，液膜薄而均匀，变形时晶粒位置易于调整，不易断裂。

2）改善铸型和型芯的退让性

铸型紧实度不应过大，使用溃散性好的芯砂。用湿砂型代替干砂型，在黏土砂中加入木屑，采用空心型芯或在大型芯中加入焦炭、草绳等松散材料，都可改善退让性。此外，避免芯骨和箱档阻碍铸件的收缩，浇注系统的结构不应增加铸件的收缩阻力，避免过长或截面积过大的横浇道，尽量减少铸件产生的披缝等。

3）减小铸件各部位温差，建立同时凝固的条件

预热铸型，在铸件薄壁处开设多个分散的内浇口，在热节及铸件内角处安放冷铁，并在单个厚大冷铁边缘采用导热能力好的材料（如铬矿砂）过渡，对薄壁铸件采取高温快浇等，这些措施都可使铸件冷却均匀，而达到降低热裂倾向的目的。

4）优化铸件结构

在铸件结构设计中应尽量缩小或消除热节和应力集中，增强高温脆弱部位的冷却条件及抗裂能力。在厚薄相接处要逐渐过渡；在两壁转角处要有适当半径的圆角，减小铸件不等厚截面收缩时的互相阻碍（例如轮类铸件的轮辐设计成弯曲形状）；在铸件易产生热裂的部位设置防裂筋，如图 15-2 所示。有的防裂筋可在铸件冷却后或热处理后去除。

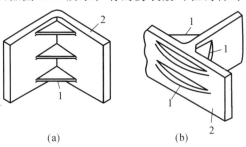

(a)　　　　　　　　(b)

图 15-2　增加防裂筋防止热裂

1—防裂筋；2—铸件

15.3　实验内容

（1）使用热裂棒法，测试不同成分的 Al-Si 二元合金在模具中凝固后的热裂纹形成位置和形态，计算热裂棒影响因子（HCS 值），比较热裂倾向性。

（2）观察热裂纹的形态、尺寸、分布特征，分析热裂的形成规律。

（3）分析热裂敏感性与成分的关联关系，以及在不同成分的 Al-Si 合金中热裂的形成机理。

15.4　实验材料与设备

15.4.1　实验材料

三种不同结晶温度范围的 Al-Si 二元合金，其中 Si 的原子百分数分别是 5％、10％ 和 12％（共晶点）。Al-Si 二元合金相图如图 15-3 所示。

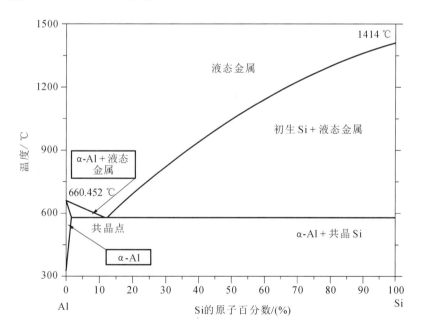

图 15-3　Al-Si 二元合金相图

15.4.2 实验设备

（1）电阻熔炼炉。

（2）金属型约束热裂棒模具，如图 15-4 所示。钢模由两部分构成，一部分为浇口，另一部分为浇道和圆棒空腔。浇注时，金属液从浇口流入四根直径为 9.5 mm 的圆棒内，棒长分别为 51 mm、89 mm、127 mm、165 mm。圆棒的一端与直浇道相连，另一端与直径为 19 mm 的球形型腔相连。

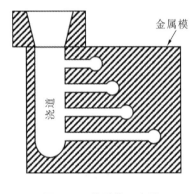

图 15-4　热裂棒示意图

15.5　实验步骤

（1）将不同成分的 Al-Si 合金预制锭放进熔炼炉坩埚内进行熔炼。

（2）合金熔化后保温 30 min，用热电偶测量熔体温度，在相同的过热度将金属液浇入钢模。

（3）冷却后，观察产生热裂纹的棒长、热裂纹的位置以及热裂纹的形貌特征。如图 15-5 所示为热裂棒影响因子示意图，计算方法如下：

$$\mathrm{HCS} = \sum (f_{\text{length}} \cdot f_{\text{location}} \cdot w_{\text{crack}})$$

式中：f_{length}——棒长影响因子，根据热裂发生的难易程度，其取值如图 15-5a 所示，最长棒为 4，次长棒为 8，较短棒为 16，最短棒为 32。

f_{location}——裂纹位置影响因子，其取值如图 15-5b 所示，裂纹发生在根部时为 1，裂纹发生在球端时为 2，裂纹发生在中间时为 3。

w_{crack}——裂纹大小因子,其取值断裂时为 4,半断裂时为 3,发纹时为 2,半发纹时为 1。

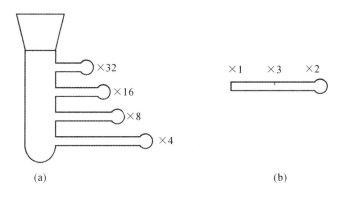

图 15-5 热裂棒影响因子示意图

15.6 实验报告内容

(1) 记录 Al-Si 合金热裂性实验过程,包括合金的熔炼和浇注过程,以及热裂棒长度测量和记录、HCS 值的计算。

(2) 分别从合金成分、铸型结构和浇注条件等角度分析 Al-Si 合金热裂纹的形成机理。

(3) 比较三种不同结晶温度范围的 Al-Si 合金的热裂倾向性并分析原因。

思考题

(1) 以碳钢为例,说明热裂纹形成的温度范围。

(2) 以带轮为例,分析如何通过铸件结构设计避免热裂纹产生。

(3) 结合铸造仿真软件,说明浇注条件如何影响热裂性。

(4) 简述如何利用 X 射线和 γ 射线检测肉眼不可见的热裂纹。

(5) 以 Al-Si 合金为例,说明如何防止内裂纹的形成。

16 金属定向凝固实验

16.1 实验目的

(1) 掌握定向凝固的基本概念、基本原理、工艺特点及适用范围。

(2) 了解定向凝固组织的形貌、枝晶间距和铸态偏析等的特点与形成机制。

(3) 了解抽拉速度和温度梯度等工艺参数对定向凝固组织的影响规律和机理。

16.2 实验原理

定向凝固是在凝固过程中采用强制手段,在凝固金属和未凝固熔体中建立起特定方向的温度梯度,从而使熔体沿着与热流相反的方向凝固,获得具有特定取向柱状晶的技术。其实质为在材料部分熔化的状态下,通过移动固液界面,实现晶体特定方向生长。

16.2.1 定向凝固的基本原理

定向凝固是利用晶体的生长方向与热流方向平行且相反的自然规律,在铸型中建立特定方向的温度梯度使熔融合金沿着与热流方向相反的方向、按照要求的结晶取向进行凝固的铸造工艺,如图 16-1 所示。

定向凝固技术是在高温合金的研制中建立和完善起来的。该技术最初用来消除结晶过程中形成的横向晶界,甚至消除所有晶界,从而提高材料的高温性能和单向力学性能。在凝固过程中固液界面前沿液相中的温度梯度为 G_L,固液界面向前推进的速度为 R,这两个重要的凝固参数可以独立变化,也可以共同对凝固过程产生影响。

通过改变固液界面液相的温度梯度 G_L 可达到控制合金凝固组织的作用。G_L 和 R 具有不同的指数形式,如式(16-1)和式(16-2)所示:

$$\lambda_1 \propto G_L^{-1/2} R^{1/4} \tag{16-1}$$

$$\lambda_1 \propto (G_L R)^{-1/3} \tag{16-2}$$

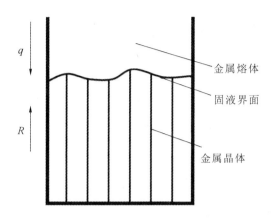

图 16-1 定向凝固原理图

G_L 和 R 的不同指数函数的乘积,决定了合金具有不同的凝固组织。例如:通过调整两项乘积的数值,定向凝固合金可获得不同尺寸的一次及二次枝晶间距。进一步分析可知,G_L 与 R 的比值决定了熔体凝固界面前沿过冷度的大小,当 G_L 与 R 的比值大于某一临界值时,固液界面将垂直生长,从而可以消除水平晶界,得到与应力轴平行的竖直晶界。此外,通过调节 G_L 与 R 的数值可以控制凝固区间,以促进凝固后期的补缩,减少合金中凝固析出的斑点和缺陷。因此,在定向凝固过程中必须严格控制 G_L 和 R 的数值,以便获得理想的凝固组织及优良的力学性能。

定向凝固科学的基础理论研究,主要涉及定向凝固中固液界面形态及其稳定性,固液界面处相变热力学、动力学,定向凝固过程晶体生长行为以及微观组织的演绎等,包括成分过冷理论、界面稳定动力学理论(MS 理论)、线性扰动理论、非线性扰动理论等。MS理论成功地预言:随着生长速度的提高,固液界面形态将经历平界面→胞晶→树枝晶→胞晶→带状组织→绝对稳定平界面的转变。近年来对 MS 理论中界面稳定性条件所做的进一步分析表明,MS 理论还隐含着另一种绝对性现象,即当温度梯度 G_L 超过一临界值时,温度梯度的稳定化效应会完全克服溶质扩散的不稳定化效应,这时无论凝固速度如何,界面总是稳定的。这种绝对稳定性称为高梯度绝对稳定性。

总而言之,定向凝固技术的应用基础研究主要涉及定向凝固过程的温度场、流场及溶质场的动态分析,定向组织及其控制,以及组织与性能的关系等。多年来通过生产实践与定向凝固应用基础研究,总结出得到优异定向组织的四个基本要素:①热流的单向性或发散度;②热流密度或温度梯度;③冷却速度或晶体生长速度;④结晶前沿液态金属中的形核控制。

16.2.2　定向凝固技术的特点

纵观定向凝固技术的发展,人们在不断地提高温度梯度、生长速度和冷却速度,以得到性能更好的材料。而温度梯度无疑是其中的关键,提高固液界面前沿的温度梯度在理论上有以下途径:① 缩短液体最高温度处到冷却剂位置的距离;② 增加冷却强度和降低冷却介质的温度;③ 提高液态金属的最高温度。一些定向凝固技术的发展已日渐成熟。

(1) 发热铸型法,又称为发热剂(exothermic powder,EP)法。将铸型预热至一定温度后,迅速放到激冷板上并进行浇注,对激冷板进行喷水冷却,从而在金属液和已凝固金属中建立一个自下而上的温度梯度,实现单向凝固。也有采用发热铸型的,铸型不预热,而是将发热材料分布在铸型壁四周,底部采用喷水冷却。

(2) 功率降低(power down,PD)法。将保温炉的加热器分成几组,分段加热保温炉。当熔融的金属液置于保温炉内后,在从底部对铸件进行冷却的同时,自下而上依次关闭加热器,金属则自下而上逐渐凝固,从而在铸件中实现定向凝固。

(3) 快速凝固(high rate solidification,HRS)法。将铸件以一定的速度从炉中移出或将炉子移离铸件,采用空气冷却的方式,而且炉子保持加热状态。这种方法由于避免了炉膛的影响,且利用空气冷却,因而获得了较高的温度梯度和冷却速度,所获得的柱状晶间距较长,组织细密且较均匀。图 16-2 所示为快速凝固法装置示意图。

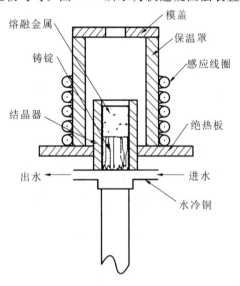

图 16-2　快速凝固法装置示意图

（4）液态金属冷却(liquid metal cooling,LMC)法。在快速凝固法的基础上,将抽拉出的铸件部分浸入具有高导热系数的高沸点、低熔点、热容量大的液态金属中。这种方法提高了铸件的冷却速度和固液界面的温度梯度,而且在较大的生长速度范围内可使界面前沿的温度梯度保持稳定,结晶在相对稳态下进行,可得到比较长的单向柱状晶。常用的液态金属有 Ga-In 合金和 Ga-In-Sn 合金,以及 Sn 液。图 16-3 所示为液态金属冷却法装置示意图。

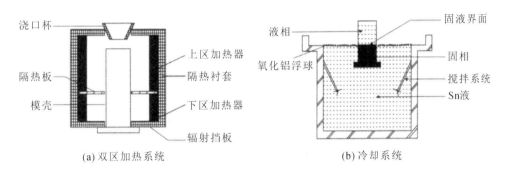

(a) 双区加热系统　　　　　　　(b) 冷却系统

图 16-3　液态金属冷却法装置示意图

定向凝固技术从炉外法发展到炉内法,从 PD 法、HRS 法再到 LMC 法,其目的都是通过改变对凝固金属的冷却方式来提高对单向热流的控制,从而获得更理想的定向凝固组织。LMC 法已经被美国、俄罗斯等国家用于制造航空发动机零件。

除此之外,人们围绕前述四个基本要素的控制做了大量的研究工作,随着热流控制技术的发展,凝固技术也不断向前发展,简述如下。

（1）区域熔化液态金属冷却(zone melting liquid metal cooling,ZMLMC)。采用区域熔化和液态金属冷却相结合的方法,利用感应加热,集中对凝固界面前沿液相进行加热,从而有效地提高了固液界面前沿的温度梯度。由于冷却速率明显提高,凝固组织被细化,大幅度提高了合金的力学性能。

（2）电磁约束成形定向凝固(directional solidification with electromagnetic shaping,DSEMS)。这是将电磁约束成形技术与定向凝固技术相结合而产生的一种新型定向凝固技术。该技术利用电磁感应加热熔化感应器内的金属材料,并利用金属熔体部分产生的电磁压力来约束已熔化的金属熔体成形。同时,冷却介质与铸件表面直接接触,增强了铸件的冷却能力,固液界面附近熔体内可以产生很高的温度梯度,使凝固组织超细化,显著提高铸件的表面质量和综合性能。图 16-4 所示为电磁约束成形定向凝固装置示意图。

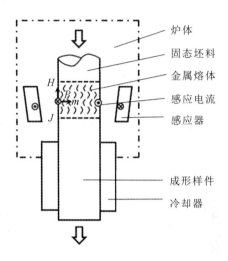

图 16-4　电磁约束成形定向凝固装置示意图

（3）深过冷定向凝固（deep undercooling directional solidification, DUDS）。将盛有金属液的坩埚置于激冷基座上，在金属液被动力学过冷的同时，金属液内建立起一个自下而上的温度梯度，冷却过程中温度最低的底部先形核，晶体自下而上生长，形成定向排列的枝晶骨架，其间是残余的金属液。在随后的冷却过程中，这些金属液依靠向外界散热而在已有的枝晶骨架上凝固，最终获得定向凝固组织。图 16-5 所示为深过冷定向凝固装置示意图。

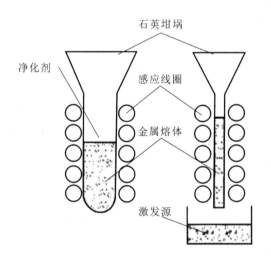

图 16-5　深过冷定向凝固装置示意图

16.2.3　定向凝固应用范围

应用定向凝固方法,获得单向生长的柱状晶甚至单晶,不产生横向晶界,极大提高了材料的单向力学性能,热强性能也有了进一步提高。因此,定向凝固技术已成为富有生命力的工业生产手段,应用也日益广泛。

1. 单晶生长

定向凝固是制备单晶最有效的方法。为了得到高质量的单晶,需要在金属熔体中形成一个单晶核:可引入籽晶自发形核,而在晶核和熔体界面不断生长出单晶。单晶在生长过程中要绝对避免固液界面不稳定而生出晶胞或柱状晶,因而固液界面前沿不允许有温度过冷或成分过冷。固液界面前沿的熔体应处于过热状态,结晶过程的潜热只能通过生长着的晶体导出。定向凝固满足上述热传输的要求,再恰当地控制固液界面前沿熔体的温度和速率,可以得到高质量的单晶。

2. 柱状晶生长

柱状晶包括柱状树枝晶和胞状柱晶。通常采用定向凝固工艺,使晶体可控地向着与热流方向相反的方向生长。共晶体取向为特定位向,并且大部分柱状晶贯穿整个铸件。这种柱状晶组织大量用于高温合金和磁性合金的铸件上。定向凝固柱状晶铸件与用普通方法得到的铸件相比,前者可以减少偏析、缩松等,而且形成了取向平行于主应力轴的晶粒,基本上消除了垂直于应力轴的横向晶界,使航空发动机叶片的力学性能有了大幅提升。

3. 高温合金制备

采用定向凝固技术生产的高温合金基本上消除了垂直于应力轴的横向晶界,并以其独特的平行于零件主应力轴择优生长的柱状晶组织而获得长足的发展。在定向凝固合金基础上发展出的完全消除晶界的单晶高温合金,热强性进一步提高。采用高梯度定向凝固技术,在较高的冷却速率下,可以得到具有超细枝晶组织的单晶高温合金材料,如图16-6所示。

4. 复合材料的制备

定向凝固技术也是一种制备复合材料的重要手段。随着凝固速度的增加,各组织生

图 16-6　采用定向凝固方法获得的柱状晶(左)和单晶(右)叶片

长定向性变好且径向尺寸均得到细化。致密、均匀、规则排列的组织减少了横向晶界,微观组织中基体相起主要作用,纤维状共晶体起增强作用,复合材料的综合性能得到提高。

16.3　实验内容

(1) 采用 LMC 定向凝固装置开展高温合金的定向凝固实验。

(2) 通过光学金相显微镜和金相分析软件观察凝固组织并测量一次枝晶间距。

(3) 分析抽拉速度和温度梯度对枝晶间距的作用机理。

16.4　实验材料与设备

16.4.1　实验材料

我国自主研发的定向凝固柱状晶镍基高温合金 DZ125,具有优异的中、高温力学性能。DZ125 合金的化学成分如表 16-1 所示。

表 16-1　DZ125 合金的化学成分

元素	Cr	Co	W	Mo	Al	Ti	Ta	Hf	B	C	Ni
质量分数/(%)	8.68	9.80	7.08	2.12	5.24	0.94	3.68	1.52	0.012	0.09	Bal.

16.4.2 实验设备

（1）定向凝固设备。采用电磁感应加热的 LMC 定向凝固炉，使用高纯石墨套屏蔽外加电磁场的电磁扰动对合金定向凝固过程的影响，发热体和冷却合金之间用高纯氧化铝板隔绝热区和冷区。冷却液采用液态 Ga-In-Sn 合金。

（2）磨抛机、砂纸、光学金相显微镜。

16.5 实验步骤

（1）实验准备。采用电火花线切割从 DZ125 合金预制锭上切取直径为 5 mm、长度为 100 mm 的圆棒作为定向凝固实验的原料；用砂纸打磨试棒表面，去除氧化皮和污垢；分别将试棒和刚玉坩埚在丙酮中用超声波清洗干净，并吹干备用。

（2）安装实验试样。开循环水，打开主机电源，将抽拉杆调整至合适高度；在结晶器上沿放上厚度为 5 mm、内孔径为 11 mm 的隔热板，将高纯刚玉坩埚安装固定在抽拉杆上端，向其中放入经过清洗的合金试棒。随后在坩埚外依次套上石墨发热体和氮化硼保温套。为保证合金的均匀加热和生长界面的平直，须尽量保证刚玉坩埚竖直并处于石墨发热体的中心。随后下降抽拉杆，使坩埚底端浸入液态 Ga-In-Sn 合金中约 5 mm，光栅尺记录此时试样的位置，然后关闭真空炉室。

（3）炉室抽真空。首先利用机械泵对真空室预抽真空，当真空度达 5 Pa 以下时，打开分子泵进一步抽真空，将真空室真空度抽至 5×10^{-3} Pa 左右时，依次关闭分子泵和机械泵，向炉室内充入 30 kPa 左右的高纯氩气形成保护气氛。

（4）加热、抽拉和淬火过程。打开加热系统主开关，预热 10 min 后，分段提高加热功率，每增加 20 V 电压，需稳压 5 min 后再增加电压，重复此步骤直至 1700 ℃ 左右。保温 45 min，使合金熔体达到热稳定状态，然后按预设的抽拉速度开始抽拉，合金试样从热区自上而下按一定速度逐渐进入 Ga-In-Sn 冷却液中，实现定向生长。当试样位移达到预定距离后，将试样以一定速度快速下降到 Ga-In-Sn 冷却液中进行淬火，获取固液界面组织。

（5）设备关闭程序。淬火结束后立即关闭加热系统，待设备冷却后打开炉门取出试样。

（6）试样金相观察。先对定向凝固试样进行表面打磨，除去表面氧化层，然后用1：1

的 HCl 和 H_2O_2 混合液进行腐蚀,用于观察定向晶粒生长的宏观形貌。再根据表观腐蚀结果将试样相应的位置沿纵向和横向剖开,镶嵌后先用 1500 目砂纸预磨后进行抛光,然后用腐蚀剂[$CuSO_4$(4 g)、HCl(20 mL)、H_2SO_4(1 mL)、H_2O(16 mL)混合液]进行腐蚀,再用光学金相显微镜和金相分析软件观察和分析凝固组织并测量一次枝晶间距,测量三次,取三次结果的平均值。

16.6 实验报告内容

(1) 记录液态金属冷却法定向凝固实验过程的关键参数和要点。
(2) 总结抽拉速度和温度梯度对高温合金凝固组织和枝晶间距的影响规律。
(3) 综合分析抽拉速度和温度梯度对高温合金微观组织的影响机理。

思考题

(1) 定向凝固所需满足的两个条件是什么?有哪些定向凝固方法?
(2) 采用定向凝固技术制备的铸件一般具有什么特点?
(3) 航空发动机叶片主要采用哪种定向凝固技术制备,为什么?
(4) 高熔点金属更适合采用哪种定向凝固技术?
(5) 通过改变定向凝固工艺参数,可以调控合金的哪些组织特征?

参 考 文 献

[1] 黄天佑. 铸造手册(第 4 卷):造型材料 [M]. 3 版. 北京:机械工业出版社,2012.

[2] 全国铸造标准化技术委员会. 铸造用砂及混合料试验方法:GB/T 2684—2009 [S]. 北京:中国标准出版社,2009.

[3] 全国铸造标准化技术委员会. 铸造用硅砂化学分析方法:GB/T 7143—2010 [S]. 北京:中国标准出版社,2010.

[4] 全国铸造标准化技术委员会. 铸造湿型砂用混配粘结剂:JB/T 13038—2017 [S]. 北京:机械工业出版社,2017.

[5] 李晨希. 铸造工艺及工装设计 [M]. 北京:化学工业出版社,2014.

[6] 万仁芳. 砂型铸造设备 [M]. 北京:机械工业出版社,2008.

[7] 柳吉荣. 铸造工技能 [M]. 北京:机械工业出版社,2008.

[8] 中国机械工程学会铸造专业学会. 铸造手册(第 5 卷):铸造工艺[M]. 北京:机械工业出版社,1994.

[9] 冯胜山,黄志光. 砂型铸造生产技术 500 问:造型材料与铸件缺陷防止[M]. 北京:化学工业出版社,2007.

[10] 李远才. 铸型材料基础 [M]. 北京:化学工业出版社,2009.

[11] 董秀琦,朱丽娟. 消失模铸造实用技术 [M]. 北京:机械工业出版社,2005.

[12] 章舟. 消失模铸造生产及应用案例 [M]. 北京:化学工业出版社,2007.

[13] 黄乃瑜,叶升平,樊自田. 消失模铸造原理及质量控制 [M]. 武汉:华中科技大学出版社,2003.

[14] 吕凯. 熔模铸造 [M]. 北京:冶金工业出版社,2018.

[15] 徐瑞,严青松. 金属材料液态成型实验教程 [M]. 北京:冶金工业出版社,2012.

[16] 顾国明,景宗梁. 熔模精密铸造技术及应用 [M]. 北京:化学工业出版社,2021.

[17] 包彦堃,陈才金,朱锦伦. 熔模精密铸造技术［M］. 杭州：浙江大学出版社,2012.

[18] 车顺强,景宗梁. 熔模精密铸造实践［M］. 北京：化学工业出版社,2015.

[19] 安玉良,黄勇,杨玉芳. 现代压铸技术实用手册［M］. 北京：化学工业出版社,2020.

[20] 赵浩峰. 现代压力铸造技术［M］. 北京：中国标准出版社,2002.

[21] 吴春苗. 压铸技术手册［M］. 广州：广东科技出版社,2007.

[22] 曲卫涛. 铸造工艺学［M］. 西安：西北工业大学出版社,1996.

[23] 中国机械工程学会铸造专业学会. 铸造手册(第6卷):特种铸造［M］. 北京：机械工业出版社,2000.

[24] 张伯明. 离心铸造［M］. 北京：机械工业出版社,2004.

[25] 孙蓟泉,尹衍军. 金属材料流变学理论及应用［M］. 北京：科学出版社,2019.

[26] 吴树森,柳玉起. 材料成形原理［M］.3版. 北京：机械工业出版社,2019.

[27] 胡聘聘,等. 一种测试金属液流动性的方法:CN 202111035368.8［P］.2021-12-10.

[28] 孙洪强,等. 用于检测金属液流动性的检测装置及检测方法:CN 201810608917.8［P］.2018-12-18.

[29] 余欢. 铸造工艺学［M］. 北京：机械工业出版社,2022.

[30] 夏巨湛,张启勋. 材料成形工艺［M］.2版. 北京：机械工业出版社,2018.

[31] 刘静. 液态金属物质科学基础现象与效应［M］. 上海：上海科学技术出版社,2019.

[32] 叶荣茂,蒋烈光,蒋祖龄,等. 液态金属停止流动机理的探讨［J］. 材料科学与工艺,1983(4):41-50.

[33] 魏华胜. 铸造工程基础［M］. 北京：机械工业出版社,2005.

[34] 单忠德,刘丰,孙启利. 绿色制造工艺与装备［M］. 北京：机械工业出版社,2022.

[35] 秦涛. 机械工程实训［M］. 成都：西南交通大学出版社,2018.

[36] 何红媛,周一丹. 材料成形技术基础［M］. 南京：东南大学出版社,2015.

[37] 吴树森,万里,安萍. 铝、镁合金熔炼与成形加工技术［M］. 北京：机械工业出版社,2012.

[38] 赵恒先. 铸造铝硅合金熔炼与铸锭［M］. 沈阳：东北大学出版社,2006.

[39] 李晨希. 铸造工艺设计及铸造缺陷控制 [M]. 北京：化学工业出版社,2009.

[40] 陈光,傅恒志. 非平衡凝固新型金属材料 [M]. 北京：科学出版社,2004.

[41] 傅恒志,郭景杰,刘林,李金山. 先进材料定向凝固 [M]. 北京：科学出版社,2008.

[42] 徐瑞. 合金定向凝固 [M]. 北京：冶金工业出版社,2009.

[43] 乔英杰. 材料合成与制备 [M]. 北京：国防工业出版社,2010.

[44] 马幼平,崔春娟. 金属凝固理论及应用技术 [M]. 北京：冶金工业出版社,2015.

[45] 傅恒志. 航空航天材料定向凝固 [M]. 北京：科学出版社,2015.

[46] 田宁. 定向凝固合金的蠕变行为及影响因素 [M]. 北京：冶金工业出版社,2020.